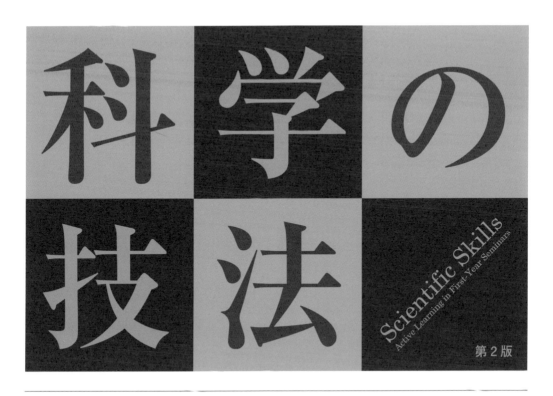

科学の技法

Scientific Skills
Active Learning in First-Year Seminars

第2版

東京大学「初年次ゼミナール理科」テキスト

東京大学教養教育高度化機構 Educational Transformation部門・若杉 桂輔・宮島 謙 編

東京大学出版会

はじめに

　東京大学では，2015年度から，「初年次ゼミナール理科」の授業を開始しました．初年次ゼミナール理科は，東京大学に入学したばかりの学生が全員履修する必修科目であり，「アカデミック体験を通した，学生の学びの意識の変革」と「基礎的なサイエンティフィック・スキル（自然科学における技法）の習得」を授業の目的としています．

　初年次ゼミナール理科では，東京大学の全ての理系学部（工学部，農学部，理学部，医学部，薬学部，教養学部）及び附置研究所・センターから，第一線に立つ研究者である東京大学の教員がそれぞれの専門性を活かした授業を担当し，正解のない問いに立ち向かう力を養います．1クラスあたり学生数約18名でのきめ細やかな少人数チュートリアル授業を合計約100クラス開講しており，「教え授けられる学習」から「自ら学ぶ学習」への動機づけを行い，主体的に学習する姿勢の涵養を目指しています．受け身での学習から能動的な学習への動機づけは，大学の様々な授業の学習にも良い波及効果を与えています．

　高校までの答えのある授業とは異なり，大学での研究や科学に対する問いには，答えがあるとは限りません．初年次ゼミナール理科の授業では，i) 未知なる問いへのアプローチをする「アカデミック体験」，ii) サイエンティフィック・スキルの習得，iii) グループによる協同学習，iv) プレゼンテーションやレポートによる発表，などを行います．初年次ゼミナール理科の授業を通して，ワクワクする研究の面白さや感動を実際に体験し，本質を見抜いて，課題を発見し独自性（オリジナリティー）の高い問いを立て，解決する能力を養います．この授業で学ぶ未知の問いに挑み新しいものを創造する能力は，大学生活や科学研究のみならず社会に出てからも必ず必要となる力です．

　『科学の技法』の初版は，2015年から開始された必修授業「初年次ゼミナール理科」の教科書として執筆・編纂され，2017年3月に東京大学「初年次ゼミナール理科」のテキストとして出版されました．それから約7年経ち，コロナ禍でのオンライン授業等も経験し，さらに生成AIが社会に浸透し始めるなど状況が一変しました．そこで今回，テキストの内容を更新した『科学の技法』第2版を出版することになりました．本書では，これまで継続して開講されている授業を主に紹介し，最新の授業内容も追加しています．

『科学の技法』第2版の構成は,「基礎編」と「実践編」からなります. まず,「基礎編」では,研究活動を行う上での基本的な技法(決まりごと・望ましい姿勢・スキル)について取りまとめています. これらの技法については,実際の授業の中で実践していきますので,是非参考にしてください. 次に,「実践編」では,初年次ゼミナール理科で実際に行われた授業からピックアップした事例が紹介されています.

　本書は,「初年次ゼミナール理科」のための教科書として取りまとめたものですが,高校生にとっても大学の講義内容や雰囲気を知る良い機会になると思いますので是非読んでいただきたいです. また,第2版ではアクティブラーニングに関する内容も刷新しており,教育関係者にも参考になると考えています. この本で取り扱っている研究に関する内容は,実際の社会での課題・問題解決に向けたスキルに直結しますので,今後の生活にも活かしていってもらえると幸いです.

2023年12月

若杉 桂輔・宮島 謙

科学の技法　東京大学「初年次ゼミナール理科」テキスト

CONTENTS

・画像の出典は巻末にまとめています.

Scientific Skills: Active Learning in First-Year Seminars, Second Edition

Division of Educational Transformation, Komaba Organization for
Educational Excellence (KOMEX), The University of Tokyo,
Keisuke WAKASUGI, and Ken MIYAJIMA, editors

University of Tokyo Press, 2024
ISBN 978-4-13-062323-0

Scientific Skills

基礎編　サイエンティフィック・スキルを身につける

初年次ゼミナール理科の授業を
受けるにあたって
知っておいてほしいこと

若杉 桂輔 Keisuke Wakasugi

東京大学大学院総合文化研究科・教授

京都大学工学部卒業（1991 年）．京都大学大学院工学研究科博士後期課程修了，及び，博士（工学）の学位取得（1996 年）．米国マサチューセッツ工科大学博士研究員，米国スクリプス研究所リサーチ・アソシエート，京都大学大学院工学研究科助手，東京大学大学院総合文化研究科助教授，同准教授を経て，2022 年より現職．2022 年に教養教育高度化機構初年次教育部門の部門長，2023 年より同機構 Educational Transformation 部門の部門長．2022 年より初年次ゼミナール理科運営委員会委員長．専門は，分子生命科学・機能生物化学・タンパク質分子工学で，病気の治療薬開発など「医療に貢献できる新たな機能性タンパク質の開拓」を目指し，新奇な機能性タンパク質の探索と創製を行っている．

1　はじめに

「初年次ゼミナール理科」は，2015 年度より始まった授業です．大学受験までの「教え授けられる学習」から大学での「自ら学ぶ学習スタイル」への動機づけを行い，主体的に学習する姿勢の涵養を目指します．この授業で学ぶ未知の問いに挑み新しいものを創造する能力は，社会に出てから必ず必要となる力であり，研究だけでなく様々な場面で活用できます．また，能動的な学習姿勢は，大学で履修する他科目の学習にも良い影響をもたらすはずです．

「初年次ゼミナール理科」では，学生同士の協同学習により，グループワークを通じて，基礎的サイエンティフィック・スキルを身につけます．大学入学直後の初年次の時期に，生の科学研究に触れ体験する意義は大きいものがあります．研究活動を有意義に進めるためには，基礎学力に加え，知識同士を相互に結び付ける能力，すなわち，科学的・独創的な思考力を養うことが重要です．実際に，自然科学では，これまでの知識の蓄積から飛躍したブレイクスルーが，たびたび大きく科学を前進させてきました．このことは科学研究の醍醐味でもあります．

2　研究とは？　研究と勉強との違い

　研究は，子供の頃，誰もがやったことがある「宝探し」に似ていると考えています．宝がこの場所にあると思って一生懸命探すから宝を見つけることができるのであって，宝があると思って探さなければ，たとえ宝があっても目に入らず，見つからないものです．楽しみながら自ら主体的に行うことが重要です．

　勉強と研究とは全く異なり，勉強は研究と比べると簡単に要領よく学ぶことができます．すでに習得すべき要点が示されていて，迷わないように整理されているためです．勉強は，何百年もかけて多くの人々によって得られた知識の集大成を学ぶことであり，宝探しに勉強をたとえるならば，あらかじめマークをつけられた「宝があった場所」を訪ね歩くことが勉強です．

　しかし，未知の分野の研究では当然そのような道しるべなどありません．研究は，答えがわかっていない全く未知の領域を手探りで探索していくものであり，成果が得られるとは限らず，多くの時間を要します．私のこれまでの経験上 10 の試みの内，1 つうまくいけば大成功です．研究は，勉強と比べると，極めて効率が悪いと感じるかもしれません．研究をしていくうえでは，過去の知見をしっかりと把握する勉強は必要なことの一つですが，原動力となる好奇心，辛抱強さ，良い意味でのこだわりがとても重要になってきます．答えがあるかわからない問いに果敢に挑み続ける「タフな精神力」も求められます．失敗を恐れずに挑戦することが重要です．

　科学ではプラス α の飛躍が必要であり，科学研究の醍醐味に「掘り出し物を見つける幸運（セレンディピティ）」があります．セレンディピティとは予期せぬ発見のことであり，実際，ノーベル賞受賞者の研究にも，その過程には予想もされなかった偶然が介在し，発展していった例が数多く見られます．セレンディピティ的発見には，旺盛な好奇心，深い思考力，注意深い洞察力などが必要で，常に物事を注意深く見る目が重要であり，見過ごさないことが大事です．また，それまで培ってきた知識と視点が重要であるため，その人の個性が活きてきます．心がけ次第で，この幸運が未来のあなたにきっと訪れることでしょう．

3　協同学習の重要性

　「三人寄れば文殊の知恵」ということわざの通り，三人集まって三人で知恵を出し合って考え抜けば，一人のどんな優秀な人物にも劣らないアイディアがわくものです．また，アフリカのことわざに，"If you want to go fast, go alone. If you want to go far, go together" という

ことわざがあります．物事を行ううえで，ただ単に速さだけを追求するのであれば，独りで行うのが最も早いですが，「より遠くへ」「大きな飛躍」を成し遂げようとするならば，「一緒に」協力して物事に挑むのが最善の策であると思われます．このことわざは，共同研究，協同学習の大切さを物語っています．

　他者とのディスカッションにより，色々な面で気づくことができます．また，考えを深めることができます．研究は一人でできるものではなく，教員や学生同士のディスカッションが重要です．また，様々な学問分野の学会や国際会議に積極的に出席して発表し，他の研究者からの指摘や刺激を受けることが極めて重要です．人とのコミュニケーションを通して，その後の研究の突破口のヒントが往々にして得られるものです．

　また，異分野との融合は，新たな発見に繋がります．実際，ノーベル賞受賞者の研究でも，0から1を生み出す研究はごくわずかであり，多くは0からのスタートではなく，ある分野で既に知られていた事柄・概念を，関連がないと思われていた別の分野に導き入れ，分野間をつなげることにより新たな発見をしたものも授賞対象になっています．

4　コツコツと積み重ねることが重要

　研究の工程を山登りにたとえるならば，いきなり高い山に登るのではなく，低い山に登り，自信を深め，成功体験，失敗体験などを経験しながら，徐々に難しいことに挑戦していくことが大事です．実際，最初に実験を行い始める学部4年生の卒業研究の実験では，指導教員の下，先行研究の結果をもとに，うまくいく可能性が高いテーマを選び研究を始めることが一般的です．まず成功体験をして自信をつけることが重要だからです．

　研究テーマはすぐに見つかるものではなく，テーマに関連した論文を日々調べ，思案を重ね，普段から温め育てることが必要です．バラバラの知識の断片からどのようにして断片同士を繋げていくか，そのプロセスをイメージで説明します．バラバラな知識の断片同士は，視点や着眼点次第で，様々に紐づけることができます．まず，それぞれの知識の断片に関連した論文を読み漁り，頭の中の数多くの引き出しに次々と整理してしまっていきます．そして，新たな実験結果が得られる度に，また，新たな論文の報告や他者とのディスカッションにより知見などが得られる度に，視点を変えて，論文を読み直し，しまう引き出しを変えていきます．このプロセスを繰り返すことにより，ふとした瞬間に閃き，知識の断片同士が繋がるものです．このように，時間をかけ温め続けることが必要であり，日々の積み重ねがとても大事です．

　研究に限らず普段の生活でも，私は「何事も願っていれば必ずいつかは願いが叶うチャンスは訪れるものであり，願いが実際に叶うかどうかはそのチャンスまでに充分準備し万全を期し

ていたかどうかで決まる」と考えています．何事をするにも，幅広い視野と体力，気力が必要です．学生の皆さんには，将来必ず訪れるチャンスに向けて，幅広い教養を身につけ，タフさも鍛えて頂きたいです．

5　大学で研究を行う意義

世の中には，答えのない問題が多くあり，大学を卒業し社会に出てからも，自ら課題を見つけ，そのような課題に挑戦していくことが求められます．皆さんの多くは，大学，大学院を卒業した後，就職先でも研究を続けるとは限りませんが，実社会において，答えのわかっていない問いに取り組むことになります．問いを設定し，課題にチャレンジする進め方や考え方は，研究の場合と同じであり，研究で培った知見を活かすことができます．大学，大学院での研究と，その糧となる勉強は，将来どんな職業に就くにしても役立ちます．

研究には，旺盛な好奇心，タフな精神力，忍耐強さなどが必要です．研究活動を通して得られる困難を乗り超えるための勇気と忍耐力，成し遂げた達成感や自信などは，必ずや学生の今後の日常生活，さらには人格形成にも活かされ，研究成果だけではなく人間的な成長につながるものです．

6　最先端 ICT 技術の活用

将棋棋士の藤井聡太さんが，戦略や手筋の研究に人工知能 (AI) を活用しているという話は有名です．最近話題になっている ChatGPT などの生成 AI や最先端技術を効果的に利用していけば，有益であることは間違いありません．多くのものを同時並行に考慮しながら考えを推し進めていくことは人間の頭では限界があるため，機械学習等，最先端の技術を効果的に活用していくべきです．

一方で，理系では実験結果が全てです．理系の分野はわかっていないことがたくさんあり，これまでの知見を積み上げただけでは予測できないことがたくさんあります．既知情報をもとにした知見からの飛躍やプラス α は科学研究の醍醐味であり，最新技術を駆使しながらも，統合した知見を次のステップに躍進させるのは自分自身であることを忘れてはいけません．

コロナ禍で Zoom や各種 ICT 技術の利用が大幅に普及し，以前に比べて日本と海外の距離感覚は大幅に短縮されました．現在は，海外との共同研究が国内と同様に行いやすくなり，例えば，海外の共同研究先の研究室ミーティングにも Zoom を介して参加しディスカッションすることが可能になりました．時代の変化に適応し，技術革新を積極的に取り入れ，活用していきましょう．

7 おわりに

「初年次ゼミナール理科」では，東京大学で最先端の研究活動を行っている教員が直接授業を担当しており，研究の面白さや問題・課題解決に向けてのアドバイスも交えながら，学生間の協同学習を促しつつ，授業を行っています．さらに，授業では，先輩にあたる学部生や大学院生のTAも授業のサポートや活性化のために大きな役割を担っています．初年次ゼミナール理科に参加される皆さんやご関心のある皆さんには，本書で取り上げた理系の幅広い学問分野の各テーマの取り組みにおいて，自分であったらどんな意見を出せるか，どのようなことで楽しめそうか，どんなことで学生同士協力できそうかなど，是非思いを巡らしていただけたらと思います．「感動する心」「豊かな感性」は，オリジナリティーのある独創的な研究を生み出す原動力になると思います．教養の基礎をしっかり身につけたうえで，思考力，洞察力を鍛え，直感を大事にロマンを感じながら，サイエンスを楽しんでください．

☆ 具体的な研究実例をもとに解説

理系の研究とはどのようなものか，具体的に，私の研究を例に説明します．例えば，私はあるタンパク質には従来知られていた機能とは全く異なる働きがあることを発見し，米科学誌 *Science* 誌上で報告したことがあります．この発見のきっかけは，あるタンパク質の機能を調べる時に，別のタンパク質を試しに一緒に調べたことに始まります．タンパク質に従来知られていた機能とは全く異なる働きがあることを発見した背景には，「掘り出し物を見つける幸運（セレンディピティ）」があったと感じます．意外な発見は隠れているものであり，注意深く物事を見る洞察力で見逃さないことが重要です．偶然の出来事は，何の気なしに見逃されたり，失敗として捨ててしまいがちで，セレンディピティ的発見ができるかどうかは，待ち受けるものの心構え次第だと思います．

一番大きな成果を出す秘訣は自分が面白いと思うことをやることだと思います．自分が興味を持っていることは自ら進んで楽しんでやりますし，苦労になりません．一般に，全く新しいことは主流とは異なるところにある場合が多く，批判や逆境などに耐える必要がある時がくるかもしれません．その時，興味のあることであれば跳ねのけることができます．是非，教養と同時に深い思考力や注意深い洞察力を身につけ，旺盛な好奇心とともにサイエンスの「宝探し」を楽しんでください．

セレンディピティ的発見の詳細については後の章（P.151 ～ 158）で解説します．

1 アカデミックな知の現場へ
—— 大学での学びとは

この章の到達目標

- 大学の理系の学びの学習プロセスを説明できる
- 大学における学びで鍛える力を述べられる
- 初年次ゼミナール理科の到達目標を列挙できる

● アカデミックな知の現場へ

　大学での学びではまず自らの教養を伸ばすことが重要です．教養にはさまざまな定義がありますが，ここでは「学問の諸分野に対する全般的な展望を与えるとともに，それらの相互関係に対する正しい理解と認識を提供するもの（原田義也（1992）教養学部の理念と目標，駒場1991（https://www.c.u-tokyo.ac.jp/info/about/annualreport/komaba20xx/komaba_1991.pdf）より抜粋）」とします．教養を学ぶことで学問の水平を広く見わたすことができ，自分の将来の進路について考えられるようになりますが，それだけではまだ不十分です．なぜなら専門を学ぶ上での基礎的な知識も身につける必要があるからです．

　理系の学びは一般的に「積み上げ式」とよばれます．基礎的な内容から発展的な内容に，広い領域からより専門的な細分化された領域へと学びが進むように，カリキュラムはデザインされています．さらに，実験実習などで実際の研究の場を体験することで，自らの技法を訓練していきます．多くの場合，学士課程の最後の1年間は，研究室に配属されて卒業研究に従事します．自ら積み上げてきた知識を駆使し，教員や先輩達の指導を受けて，試行錯誤しながら卒業研究を進め，最終的に卒業論文を執筆します．このような経験を通して，科学を実践するためのさまざまなスキルを習得していきます．さらに，自らの「知」を磨き上げていきます．4年間という長い年月を費やして，**アカデミックな知の現場を体験する**ことになりますが，しかし，それでもまだその入り口に立ったに過ぎません．

自ら問いを発見する

　現在の先端科学における問題の多くは正解のない問題です．実際，世界が直面している困難な問題の多くは，問題の所在が一見どこにあるのかさえ分からないようなものです．しかし，**その本質を見抜いて，問いを発見し，解決する能力**がアカデミックな知の現場では求められます．そのためには，幅広い基礎知識に加えて，理解力，洞察力や批判的・論理的思考力が必要

になります.

　アカデミックな知の現場において，自ら問いを発見して解決する能力は不可欠です．誰かの真似ではなく，自らの問題意識や感性を大切にして，「独自性（オリジナリティー）」の高い問いを立てられるかどうかによって，研究者としての評価が決まるといっても過言ではありません．逆にいえば，適切な問いを発見して立てることができれば，その問題の大半は解決しているといえるかもしれません．大学における学びでは，この**「自ら問いを発見して解決する能力」**を鍛えていく必要があります.

● 最先端の学問を体験する

　大学の教員は，教育者であると同時に先端的な研究者でもあります．大学における学問は，すでに確立された知識を確認することではありません．時には既存の知識にも疑問をもち，批判的に思考し検証することが重要です．そのため，大学で教える教員は基本的にこれらを実践している先端的な研究者であることが求められます.

　学生の皆さんが研究者としてアカデミックな知の現場に立つには長い時間を要しますが，今後，最先端の学問を行う上で必要なスキルを早い段階で身につけておくことは，アカデミックな知の現場に身をおいて力を発揮する上で非常に有効です．ここでいうスキルとは，**科学における実質的な技法（サイエンティフィック・スキル）**であり，基礎編の中で詳しく解説されているものです.

　2015年度より，東京大学では全く新たな授業である**初年次ゼミナール理科**が始まりました．各分野の教員の指導のもと最先端の学問を体験することはワクワクする刺激的なものであり，今後勉強をしていく上での動機付けにもなります．この経験を通して，受験勉強のような正解にいかに早く到達するかという**学びの意識を変革し，大学において自発的に学ぶ姿勢をもって**もらうことが最大の目的です.

● 初年次ゼミナール理科の概要

　初年次ゼミナール理科は東京大学に入学した理系学生が，入学したばかりのSセメスターに履修する必修の授業です．1クラス20名程度の規模で，教員と学生がお互いに顔の見える，きめ細やかな指導によるゼミナール形式の授業です．理系の後期諸学部（工，農，理，医，薬，教養）の教員の他，附置研究所・センターの教員が，授業を担当します．第一線の研究者である東京大学の教員がそれぞれの専門性を活かして多様な授業を展開します.

授業の流れ

　初年次ゼミナール理科では1週間の12の曜限（90分の授業時間）に，それぞれ8〜9コマ

の授業を同時に開講することで、合計で約100コマの授業を開講します。それぞれの授業内容は、個別にシラバスに書き記されています。授業の第1週目に授業担当者による授業内容の紹介がなされます。また授業配置を行っている第2週には共通授業が行われます。

理科生全員（約1800名）を約300名ずつ、6つのグループに分け、2つの曜限（計16コマ程度）の授業の中から、学生の希望に基づいて履修する授業を登録・抽選の上、授業に配置します（図1-1）。各グループの授業は分野や学部に偏りがないように配置されているため、学生の皆さんは多様な分野の中から授業を選択することができます。

授業回	内容	形式
第1回	授業ガイダンス，授業内容の紹介	講義形式
第2回	共通授業	
第3回〜第13回	各教員の専門性を活かした少人数授業	ゼミナール形式

	月曜日	火曜日	水曜日	木曜日	金曜日
1限		グループ2			グループ4
2限			グループ5	グループ2	
3限		グループ3	グループ6	グループ3	グループ5
4限	グループ1	グループ4	グループ1		グループ6

図1-1 初年次ゼミナール理科の授業の流れと配置

●初年次ゼミナール理科の到達目標

皆さんはこれから、学部や大学院での学修・研究を通じて、自ら課題を発掘し解決する姿勢や能力を鍛え、社会においてその能力を十分に発揮できる社会人や専門家、学問分野で優れた研究者になるために必要な資質を身につけていきます。しかし、それに先立って入学時の早い段階で、自分がどのような資質に優れ、どのような資質に関しては今後努力して身につける必要があるのか知ることは大変に有効です。

経済協力開発機構（OECD）の DeSeCo（Definition & Selection of Competencies の略語）プロジェクトでは、グローバル化・高度情報化した現代社会において、急激な変化に柔軟に対応し、さまざまな課題にチャレンジして社会的な役割を果すために必要となる能力が定義されています[1]。この鍵となる能力は3つの大きなカテゴリーに分類され、①道具（例えば、言語、テクノロジー）を相互作用的に使う能力、②異質な集団の中で交流する能力、③自律的に活動する能力、とされています。初年次ゼミナール理科で目指す到達目標もこれらの能力と基本的に対応しており、以下のようにまとめられます。

サイエンティフィック・スキルの習得 → 科学における実質的な技法の習得

1. 文献検索方法の習得
   - インターネットの文献情報検索サイトで必要な文献を探し出し，PDF ファイルなどとしてダウンロードすることができる
   - 図書館の OPAC サイトで検索し，必要な図書を学内外から取り寄せることができる．

2. 研究倫理の理解
   - 論文執筆において，存在しないデータを都合よく作成する捏造（ねつぞう），データの変造・偽造による改ざんや盗用（剽窃（ひょうせつ））が不正行為となること，ネットなどからのコピー・アンド・ペーストによって他人の言葉をあたかも自分の言葉であるかのように装うと盗用として不正行為とされることを理解している．
   - 文献の引用方法を理解している．

3. 科学研究手法の理解
   - 科学は反証可能でなくてはならないことを理解している．
   - 批判的思考（クリティカル・シンキング）を実践する．

4. 科学論文の構成と体系の理解
   - 学術論文の構造を理解し，必要な情報を速やかに抽出することができる．
   - 学術文献の性格の違い（入門書，専門書，学術論文，総説等）を理解し，必要に応じて利用することができる．

5. 論文読解能力
   - 論文のアブストラクトを読んで研究内容を把握することができる．
   - 学術論文の引用文献リストから関連する論文を見つけ出すことができる．

6. プレゼンテーション能力
   - 発表材料を揃え，順番を考え，時間内に発表することの重要性を理解している．
   - 聴衆の立場に立って発表することができる．

7. レポート，論文執筆能力
   - 目的や課題を明確に設定することの重要性を理解している．
   - 課題に対して根拠となる資料，文献を引用しながら論証することの重要性を理解している．

---

1) DeSeCo 以降に始まった OECD Future of Education and Skills 2030 プロジェクトでは，OECD ラーニング・コンパス（学びの羅針盤）2030 という学習の枠組みが発表されています．ここでは，学びの中核的な基盤として知識・スキル・態度・価値が挙げられており，コンピテンシーはこの基盤をもとに育成でき，知識・スキル・態度・価値を含む包括的な概念で単なるスキル以上のものとして捉えられています（OECD ラーニング・コンパス（学びの羅針盤）2030 仮訳 https://www.oecd.org/education/2030-project/teaching-and-learning/learning/learning-compass-2030/#:~:text=Also%20available%20in-,Japanese,-Next%3E を要約して引用）．

アカデミック体験 → 研究者が行うプロセスの実践

1. 自然科学への学問の導入体験

   ・研究の魅力・面白さに触れる.

2. 未知なる問いへの探究姿勢

   ・未知の部分を発見し,新たな問いを立てようと試みる.

3. 多様な学術分野・領域の理解

   ・該当する専門分野において多様な学術分野・領域が階層的に存在することを知る.

4. 学術的意義の本質的な理解

   ・研究課題における目的や問題点を認識し,その解決のための手段を考えるという活動に取り組む.

   ・教員が推薦した,その分野の重要論文をじっくり読んで最後まで理解する.

5. 問題を発見し,科学的な問いとして設定し,解決する能力

   ・得られた専門的知識とスキルを駆使して,問題解決を試みる.

6. 論理的思考能力

   ・仮説をたて,結論に至るまでに必要なプロセスを組み立てる.

グループによる協同学習 → 研究者,教養人として生きていくための人間力の形成

1. 他者の多様な価値観の理解

   ・他者の批評や反論に対しても冷静に聞き,尊重するという体験をする.

   ・自分と異なる価値観をもつ人の意見も許容し,受け入れることを試みる.

2. 分析的・批判的思考を通しての建設的議論の構築

   ・他者の意見を取り入れ,自分の意見と融合して,全員が納得する新たな結論を導き出す.

   ・さまざまな意見について,否定的ではなく,批判的に検討する.

3. コミュニケーション能力,他者と討論する力

   ・自己主張だけでなく,相手の立場を慮りながら意見を聞く.

   ・常に問題の本質を認識し,自分および他者に問いかけることが重要であることを理解する.

4. 他者との共同作業,コミュニティの形成

   ・グループ全体で成果を出すことを意識して活動に取り組む.

   ・グループ内での役割に責任をもつ.

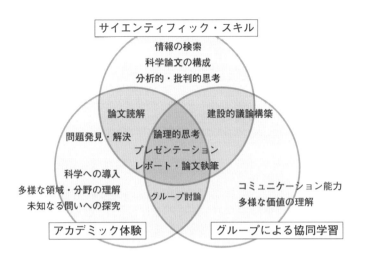

図1-2　相互に関連しあう，初年次ゼミナール理科の到達目標

● 大学から社会へ

　大学での学びにおいて身につけた「科学の技法」は，研究の世界だけでなく，実際の社会の中でも大いに役立ちます．豊富な教養や知識に基づいて，複雑で入り組んだ事象の中から本質をとらえて問題を発見し，他者と協力しながら論理的に解決していく能力は，社会の中で重要な役割を果たすリーダーに求められる最も重要な資質といえます．また大学での学びを通して，自己がどのような資質に優れ，どのような資質に関してはさらに努力して身につける必要があるのか見つけ出していきましょう．

まとめ

・大学の理系の学びでは，まず知識を積み上げ，さらに自らの教養を伸ばす.

・大学での学びは，独自の問いを発見して解決できるようになることを目指す.

・初年次ゼミナール理科の到達目標は，大きく分けると

　　基礎的なサイエンティフィック・スキルを実践できること，

　　アカデミック体験を通じて研究者が行うプロセスに参加できること，

　　そしてグループワークにより他者とコミュニケートできることである.

2　研究のプロセス

- 研究とは何かを説明できる
- 研究の一般的なプロセスを具体的に述べられる
- 研究成果を発表することの重要性を説明できる

● 研究とは

　大学に入るまでの学習の主な目的は，すでに存在している知識をしっかり理解して，それが応用できるようになることです．特に理系の諸分野では，高校や入試対策で習う数学の定理，物理の原理，生物の種類や構造などについて，何十年，何百年も前から知られている事実が多く含まれています．学校の課題や入学試験などではその知識を応用して正解を導き出すことが求められていますが，自分で新しい知識を作ることは基本的に要求されません．

　もちろん大学でも既存の知識を学ぶ必要があります．入学試験では問われないような，まだ知るべき重要な原理などがたくさん残っています．しかし，大学の主な目的は，前からあった知識を伝達することだけではありません．大学の使命は**新しい知識を創造して，世に送り出すこと**，すなわち研究です．研究とは真理を探求して新たな知を創造することに他なりません．

　研究は高次な知的作業であり，**答のない問いにアプローチする力**ともいえます．それは大学での研究活動以外でも求められる汎用的な能力です．例えば企業や官庁などにおいても，未解決の問題を発見し，解決していく能力が常に求められますが，そのような場においても研究する能力を活かすことができます．

　大学は研究する能力を養う上での環境が整えられています．「1　アカデミックな知の現場へ」で述べたように，大学の教員は自らが知を創造していく先端的な研究者です．大学で学生の皆さんは，研究者である教員から知識だけでなく，研究する力も教授されていきます．また大学には研究を遂行するための設備や資料が整えられています．その最も代表的なものが図書館であり，多くの蔵書が保管されており，また最新の文献や資料を活用するためのサービスが提供されています．また多くの大学では，教員や学生が共同で利用できる研究施設が設置されています．

　研究する能力を身につける上で最も大事なことは，主体的に行動していくことです．いくら最先端の研究を行う教員が揃っていて，立派な資料や設備が備えられていても，それらを活用しなくては意味がありません．自ら積極的に調べ，行動することで道をひらいていくことができます．

● 研究のプロセス

　それでは実際に研究は，どのようなプロセスで行われていくのでしょうか．初年次ゼミナール理科では，授業の中で最先端の学問を体験し，具体的に研究を行っていきます．研究を遂行していくプロセスは分野によっても違いがあります．例えば，実験科学と理論科学や計算科学では，そのアプローチは大きく異なります．ここでは，多くの分野で共通すると考えられる一般的な研究のプロセスについて紹介します（図2-1）．

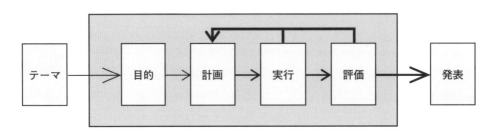

図2-1　一般的な研究のプロセス

テーマを決める

　研究は，まず**テーマを探し，決める**ことから始まります．自ら培ってきた教養を活かし，幅広く多様な学問を見わたしながら，自分が興味をもつテーマを探します．

　具体的なテーマの設定にあたっては，自分が最も深く知りたいと考える課題を選ぶのがよいでしょう．また研究において科学的思考を行う上では，抽象的で漠然とした対象を扱うことは困難であり，問題が明確な対象として1つに定まっていることが必要です．例えば「生とは何か？」という問いには生物学的な観点からだけでなく，哲学や宗教などいくつもの観点からの問題が含まれており，さまざまな答えが成り立ちます．しかし，この問いを「生物学的見地から生と死を区別する要因は何か？」という問いに置き換えれば，科学的な問いとして設定することができます．

仮説・研究目的の設定

　テーマが決まると，次に**仮説・研究目的の設定**を行います．科学的思考においては，多くの場合に仮説を立案し，それを検証するプロセスが行われます．これを行う上で重要なポイントは，**仮説や研究目的を明確に定め，いかに検証可能な科学的な問いとして設定できるか**ということです．具体的に設定する上では，まず先行研究を調査して，何がどこまで分かっており，また何がまだ分かっていないのかを詳細に明らかにする必要があります．先に述べたように，研究とは新たな知を創造することですので，すでに明らかにされたことを確認するだけでは意味がありません．まだ明らかになっていない課題を洗いだした上で，できるだけ具体的で検証

可能な問題として設定していきます.

　先ほどの「生物学的見地から生と死を区別する要因は何か？」という問いに対して,例えば「生物学的な生はエネルギー消費を伴うことから熱発生が生と死を区別する要因である」というような仮説が立てられるかもしれません.この時点では,**仮説が正しいか間違っているかが問題ではなく,具体的かつ検証可能な問いとして設定することが重要**です.

研究計画を立てる

　仮説や研究目的を設定できると,次に**具体的な研究計画を立てます**.ここでも重要な点は,**研究方法を明確に設定する**ことです.科学では研究を行う上での手法や方法論がおおよそ決まっており,先行研究において用いられている研究材料や方法などを参考にしつつ,何をどのように調べていけばよいかという方向性を考えながら研究計画を組み立てていきます.いくら面白そうな課題を設定しても,研究するための切り口がないと,進めていくことはできません.

　またもう1つ重要な点は,**扱う情報量が適切である**ことです.処理しきれないほどの膨大な資料やデータをいきなり研究対象として取り扱うことは困難です.入手可能で情報処理も可能な量の結果や資料を扱うことが重要です.また理系において数値データを扱う場合には統計の知識が必要になります.このような知識についても意識して前もって身につけておくと,後々重要な武器になります.

　この段階で研究に必要となる材料や研究設備,資料,予算などが明らかになっていきます.また自分たちの研究設備や技術ではできないような研究を行いたい場合には,共同研究などを申し込むことで,その研究を実行できるように計画します.また研究期間についても予定を立てておくことが重要です.期間内にどこまで達成するのか,またもしうまくいかなかった場合にはどのように対処するのかまで考えておけると,余裕をもって研究を遂行することができるでしょう.

実行・評価

　この段階まで終われば,研究計画に従っていよいよ**具体的な研究を行っ**ていきます.研究を実行していく上で留意すべき点は,いかに**原理や原則を理解した上で研究を行う**かということです.ただ先行研究の方法を真似て研究を行っても,結果について深い解釈や考察をすることができません.また実験科学では,思うように期待した結果を得られない場合も多々あります.この時にすぐに諦めるのではなく,なぜ失敗したのかを検証し,改善していく努力が重要です.原理原則をきちんと理解していれば,なぜどこで失敗したのか原因を追求することができるようになるでしょう.

　研究結果が得られれば,その妥当性を評価します.さらに先行研究との差異は何か,また先行研究の内容や原理原則と矛盾した点はないか,再現性はあるかなどを検討します.そして自

らの仮説を検証できるかどうかを検討していきます．多くの場合，たった一度の研究結果だけ
で仮説をすべて検証できることはまずありません．必要に応じて研究計画を修正したり追加し
たりしながら，再び研究を実行していくサイクルを繰り返していきます．このように研究にお
いても，PDCA サイクル「Plan（計画）→ Do（実行）→ Check（評価）→ Act（改善）」を
繰り返すことによって，研究のレベルを高めていきます．

研究成果の発表

　以上のような経緯を経て，一定の研究成果が得られれば対外的な発表を行います．**研究は対
外的な発表をして初めて成果として認められます**．いくら自分でよい研究成果を出したと思っ
ていても，その内容を発表して第三者が認めないかぎり，研究成果として評価されることはあ
りません．対外的な発表としては，まず関連する学会で発表した後に，学術雑誌に論文として
掲載することが一般的です．

　学会とは，ある分野の研究者コミュニティが形成する組織のことで，その発表会で研究成果
を発表して，その科学的妥当性をオープンな場で論議します．同じ分野の研究者から批判され
ながら，自らの研究成果の意義や新規性を主張していきます．学会発表では，口頭発表やポス
ター発表によるプレゼンテーションが行われます．この時，効果的なプレゼンテーションがで
きないと，いくらよい研究内容であっても高い評価を得られません．よいプレゼンテーション
の仕方については，「10　プレゼンテーション」を参照してください．

　多くの分野では学会発表だけでは研究成果として認められず，学術雑誌に原著論文として掲
載されて初めて研究成果として認められます．理系の学術論文の構成には基本的なルールがあ
り，そのルールに則って論文を執筆する必要があります（「4　学術論文の種類と構成」を参照）．
学術雑誌に掲載されるには，基本的に研究者による厳格な審査を受けます．これを査読あるい
はピアレビューといいます（「8　ピアレビュー」参照）．厳しい審査を受けて論文原稿に改訂
を行い，最終的に採択された原著論文が学術雑誌に掲載されます．このようにして科学的・学
術的な意義や正当性が認められた原著論文は高い信頼性をもち，世界中に研究成果として認め
られるのです．

まとめ

- 研究とは，真理を探求して新たな知を創造することであり，答のない問いにアプロー
  チする力である．
- 研究のプロセスは，テーマ→目的→計画→実行→評価→発表 である．
- 研究は体外的な発表をして初めて成果として認められるため，研究成果を発表する
  ことが重要である．

3 研究倫理

● 勉強から研究へ

　大学に在籍する 4 年間にはさまざまな新しいことに挑戦しますが，その中で特に重要なのは知識を他者から授かる「勉強家」から，能動的に主体的に知識を創造できる「研究者」へ成長することです．そのためには，**科学研究をどのようにするか**を学ぶ必要はもちろんありますが，それよりも大切なのは**科学研究がどのようになされるべきか**を学ぶことです．科学研究がどのようになされるべきかを学ぶこととは，すなわち**研究の倫理を理解し，実践すること**を意味します．

　研究者が研究倫理を知らずに研究倫理に反した場合，その責任を問われるのか？という問題が話題になったことがあります．**研究者が研究を行う上で研究倫理を理解しておくことは前提条件であり，当然その責任を負う**ことになります．皆さんもこのことを十分意識して，「研究者」へと成長していってください．

● 研究者のコミュニティへ

研究者の基本的責任

　日本学術会議の「**科学者の行動規範**」では，「科学者は，自らが生み出す専門知識や技術の質を担保する責任を有し，さらに自らの専門知識，技術，経験を活かして，人類の健康と福祉，社会の安全と安寧，そして地球環境の持続性に貢献するという責任を有する」とされています．また，科学は「人類が共有するかけがえのない資産」とも書かれています．すなわち，科学研究は自分だけのために，例えば自分の成績や業績，利益や名誉のためだけに行うものではありません．

研究者のコミュニティとは

　科学研究は一人で行うものではありません．研究室での実験やフィールドワークでのデータ収

集をグループで行うことはよくありますし，研究成果の発表もチームで行うことが多くあります．科学ジャーナルに掲載された論文を見ると，単独著者によるものはごく少数派です．学術分野にもよりますが，数人，数十人，時には百人以上の研究者が同じ研究に携わり，著者として名を連ねることがあります．たとえ一人で実施して一人の名前で発表した研究成果でも，それは先行する研究者の成果の上に成り立っていて，今後も他の研究者が参照・利用できるようになっています．この研究者たちは直接的・間接的にお互いに連絡し合い，大きな科学者の共同体，すなわち「科学コミュニティ」を構成しています．理系の大学1年生の皆さんもそのコミュニティの一員です．

科学コミュニティの果たす役割

　世界の科学者たちが「コミュニティ」を構成するのは，科学の根本目的である「**真理の追求**」に深く関わっています．個人はだれでも偏った意見や主観的な感想をもち，また誤解や思い込みに陥りやすいので，研究結果が「真理[2]」として広く認められるには，他の研究者による評価と批判が必要です．その評価と批判は研究室などの研究グループの中でも行いますが，仲間内だけだと間違いを払拭することが難しいので，論文などの形で科学研究の成果を全世界に公開します．研究結果が出版され，科学コミュニティの厳密な評価と批判にさらされたときのみ，その結果は信頼されることになります．

研究成果の発表に至るまで

　研究成果の信頼性と客観性は科学の発展の基盤ですので，研究成果の発表や相互チェックを正しく行わなければなりません．まずは，論文などの研究発表では，他の研究者の業績に敬意を払い，関連の先行研究を誠実に確認・評価し，自らの研究の先行研究の間での位置付けを明確にする必要があります．また，他の研究者の言葉や図表を使うときに，引用符や出典表記の正しい使用によって，自分のオリジナルな貢献と区別します（「6　文献の引用」参照）．

　次に，自分の研究手法やデータ処理などは適切か，その結果には再現性は十分あるか，自分の先入観や偏見にとらわれていないか，などを慎重に検証しなければなりません．もちろん，だれでもミスを起こすことがありますので，間違いがないかを慎重に確認する必要があります．この検証や確認は一人だけではできませんので，他の研究者にチェックやコメントを必ず頼みます．そのために，研究者が相互に遠慮なく議論し，チェックし合える環境を整えておくことも必要です．

　また，他の研究者による追試や評価を可能にするために，他者が見てもわかるように**実験ノート・研究ノート**（本章コラム参照）を作成して行程の記録を残し，研究成果の発表後も記録やデータ，試料などを保存しておくことが必要です．

---

2) 科学は「真理」の追求を目的としていますが，研究成果として発表されたものが常に「真理」であるとは限りません．科学の世界における「真理」は常に多様な視点や観点から批評され，また新たなテクノロジーや手法の発達によって，更新されていくものでもあります．科学における「真理」とは過去から現在に至るまでの研究の中で，現段階で最も確からしい「真理」であるということができます．

● なぜ不正行為が起こるのか

なぜ研究倫理を守らなければならないのか

　研究倫理を守ることの重要性について考えてみましょう．大学や研究所で働く研究者の行った不正行為が報道で取り上げられ，注目を集めることがあります．研究業界での競争に打ち勝つために，不正を犯してでも業績を上げようとしてしまうのです．しかしながら，そのような不正を犯すことにより大きな問題が引き起こされます．

　例えば，虚偽による研究活動が行われて，科学コミュニティや所属機関に迷惑をかけたり，多額の研究費が無駄になったりして，多大な労力が無駄に費やされた場合，社会的に大きな損失となってしまいます．また，研究者が不正を行うと，本人の評価が失墜するだけでなく，所属する研究室，学部，研究機関や大学，そして科学活動全般への信頼が失われます．

科学研究における不正行為

　不正のない，責任ある研究活動を行うには，不正行為とは何か，またはそれをどのように避けることができるかをしっかり理解しておかなければなりません．研究活動の不正行為は次の3つに分類されます．

捏造 （ねつぞう）	存在しないデータ，研究結果などを作成すること
改ざん	データ，研究結果などを真正でないものに加工すること
盗用（剽窃） （ひょうせつ）	他人のアイデア，データなどを，了解もしくは適切な表示なく流用すること

　また，生データや実験・観察ノートといった研究の記録や実験試料を保管していないと，上記の不正行為の証拠隠滅・立証妨害と見なされる可能性があります．

　科学者が不正行為を行うと，懲戒や，研究費の返還，競争的資金の申請制限の対象となることがあります．学部生も，授業のレポート，学生実験，卒論で不正がないか気をつけなければなりません．もし授業で不正行為を行ったと認められたら，試験でのカンニングと同じように全科目の得点を無効とされるなど，厳しい制裁が科されます．ここでは，学生や大学院生が陥りやすい不正行為の例を挙げておきます．

★ 不正行為の例
  ・思ったとおりの結果が得られなかったため，架空の実験画像を作出し，公表した．
  ・推論に合わない実験データを恣意的に削除してグラフを作成し，公表した．
  ・論文として発表した研究に関する実験ノートなどの研究の記録を残さなかった．
  ・研究室の同僚がミーティングで発表していたアイデアを，自らのアイデアとして公表した．

- 論文を作成する際，序論や先行研究の説明は重要ではないと考え，他者の論文からそのまま流用した．
- インターネットで見つけた他人の文章や図，写真などを切り貼りして自分のレポートとして提出した．
- 規定に反し，複数の授業での課題や学術誌に実質的に同一内容のレポート・論文を提出した．
- 論文の内容にほとんど寄与していない者を著者に入れたり，逆に重要な寄与をした者を著者に入れなかったりした．
- 実際には存在しない業績を申請書，報告書などに記載した．
- 生成 AI が作成した文章をそのまま論文にコピーし，申告等せずに提出した．

不正行為を起こさないために

厳しい制裁があるにもかかわらず，一部の研究者が不正行為を起こすのはなぜでしょうか．論文の提出期限が迫って，データの管理や論文の執筆で焦ってミスを起こしてしまうことがありえます．また，実験などで予想していた結果が得られなかったので，データを恣意的に操作することもあります．悪質な場合は，架空の結果を作り出してしまう人もいます．

不正行為を起こさないためには，**自分の研究活動が常に科学コミュニティの中で行われていることを念頭に，自分の研究の全過程と結果を他の科学者に説明できるように努めなければなりません**．自分の論文などに誤りがあるとわかった場合は，他の研究者への影響が最小限になるよう，速やかに訂正を公表します．

不正行為の境界は必ずしも明確ではありませんので，誰でも自分の行為が正しいかどうか迷うことがあります．もし実験を実施しているとき，またはレポートや論文の作成の時に**倫理の正否が判断できない場合は，指導教員や先輩に相談してください**．また，他の学生が疑わしい行為をしようとしていることに気付いた場合は，本人に指摘するか，あるいは指導教員に相談してください．

東京大学の「科学研究における行動規範」は次のように締めくくられています．「大学における科学研究を有形無形に支える無数の人々に思いをいたし，十分な説明責任を果たすことにより研究成果の客観性や実証性を保証していくことは，研究活動の当然の前提であり，それなしには研究の自由はあり得ない」．学生の皆さんもこの言葉をしっかり身につけて，「人類共有の財産」となる研究ができるよう努めていってください．

● 研究者の社会的責任

不正の問題だけでなく，実際に研究活動を行っていく上で，生じうる倫理的問題を考えてみましょう．これまでは，**科学に関する適切な知識を得るため・成果を発表するための規範**について主に説明してきました．しかしこの他にも，科学技術によって社会にもたらされたもの（製

造物）が，**人々に危害を与えたり，リスク／危険を増大させたりしないための規範**，そして社会の公序良俗を乱さないための規範があります．また**社会からの問題提起に応える責任**もあります．いずれも研究者の社会的責任として知っておく必要があるものですので，こうした課題については研究者としてより進んだ段階で身につけていってください．ここでは，ポイントについてのみ述べます．

倫理的な規範

　まず，**研究成果物の危険性**が挙げられます．例えば，核燃料，化学物質，病原菌・ウイルス，ソフトウェアなどはそれぞれ利点もありますが，その反面，間違った使い方をした場合の危険性もありえます．これらの成果物を作成したり，利用したりする際には，予めそれらの危険性を想定して予防しておかなければならない事項が多くあります．

　また，実験を主に行う研究分野では，**実験廃棄物**が発生します．これらの廃棄物の処理が不適切な場合，環境に悪影響を与えてしまうことがあります．このような問題が生じないように，大学では実験廃棄物を処理するための施設があり，処理するためのルールが定められています．

　工学系の分野では，**技術倫理／技術者倫理／工学倫理**の素養が必要になります．工学系の技術者は企業や自治体に雇用されて職分を果たすことが多く，作業方針を自己決定できない場面が少なくありません．しかし，目前の事象が公衆に迷惑をかけることにならないか，最もよく判断できるのは現場の技術者です．社会に対して，倫理にもとる行動を取っていないか，専門家としての高い意識をもって職務に当たることが，自らの行為によって公益を害することを予防し，ひいては自分の身を守ることにもつながります．

　情報系の分野では，**情報倫理**も同じ位置付けをもちます．機密情報や個人情報の保護，著作権や知的財産権の取り扱い，ソフトウェアライセンスの問題など，身につけておくべきさまざまな規範があります．

　また，化学系・環境系の研究に携わる場合には，**環境倫理**についても知っておくことが求められます．いかに環境を破壊しないように配慮し，持続可能なかたちで環境を保全していくのかなど，人間が生態系に果たす責任を知っておかなければなりません．

　生命科学系の分野では，**生命倫理**について知っておく必要があります．生と死に医学がどのように関わるべきかなど，倫理的に認められる範囲について考えておくことが求められます．

　皆さんが，将来どのような専門分野やキャリアに進んでもその倫理を守らなければなりません．これらについては，今後のより進んだ内容の授業の中でも議論されていきます．今からその意識を高くもって，社会的な責任を果たす上で必要な倫理的な規範とは何か，自ら問う姿勢を身につけていってください．

倫理委員会による審査

　さまざまな倫理的な規範については，国際的な規範が定められています．例えば，**ヒトを対象とした研究**に関しては，世界医師会のヘルシンキ宣言があります．研究実施の条件として倫理委員会の審査を事前に経る必要があるのは，生命・医学系分野が中心です．大学や研究機関には，**遺伝子組換え研究や動物実験，再生医療，臨床検査**などに関して，国内外の関連法案に従って研究計画の吟味や研究者への倫理教育を行う部署があります．この他，海外との技術や資材・スタッフのやり取りの際に，安全保障の観点から経済産業省への許可申請が必要となる場合があります．

まとめ

- 研究者は，研究の成果物やその質の担保における責任や，人類・社会・地球環境の持続性に対する責任がある．
- 科学コミュニティは，研究者どうしで評価と批判を行い，科学研究の成果を全世界に公開する役割を持つ．
- 研究活動の不正行為として，「捏造」「改ざん」「盗用」が挙げられる．
- 研究者の社会的責任として，研究成果物が危険性をもたらさないための責任，社会の公序良俗を乱さないための責任，社会からの問題に応える責任がある．

コラム　研究ノート，実験ノート

　研究の現場ではノートに研究結果を記録することが求められます．「研究ノート」や「実験ノート」は研究室の共有財産であり，いつ，誰が，どのような研究を行い，データを取得したかを示す決定的な証拠となります．実際，特許申請の際にも証拠書類となります．日時はもとより，手順や結果などの必要な事項がすべて正確に書かれていることが重要です．科学研究においては，再現性が確保されていなければならず，ノートを読めば追試が可能な内容にしなくてはなりません．皆さんも「STAP細胞」の問題の際に，「実験ノート」の検証が行われたことは，記憶に残っていると思います．

コラム　起こりうる危険性に備える

　1960年代初頭，日本を含む世界各地で腕や脚のない奇形（アザラシ肢症）の新生児が延べ数千人規模で生まれました．悲劇は1954年にドイツの製薬会社グリュネンタール社によって，抗生物質を製造する過程でサリドマイドという物質が合成されたことに始まります．一般的な実験動物では副作用も効能も発見されませんでしたが，抗けいれん作用のある鎮静剤として利用できることを期待して，グリュネンタール社は1955年にヒトに対する試験を開始しました．サリドマイドは抗けいれん薬としては使い道がありませんでしたが，服用者に眠りをもたらすことが分かりました．さまざまな症状に対して試験投与が行われた結果，集中力を増したり，胃や膀胱の不調，結核，インフルエンザ，百日咳，軽い鬱や不安……といったさまざまな症状を改善したりできる副作用のない薬として1957年から大々的に売り出されることになりました．安全性の検証もされないまま，つわりや不眠に苦しむ妊婦に対して積極的に処方され，胎児の死亡や奇形との関連が指摘されて市場から回収されるまでに4年が経過していました．

　サリドマイドは母親が妊娠したことにほとんど気付かないようなごく初期に作用し，1錠でも服用すると子どもの奇形を引き起こす可能性があることが分かったのです．当時としても，大人にとってほとんど毒性を示さないものを含め，多くの化学物質が胎児に多大な影響を及ぼす可能性は知られていました．そのため，哺乳類に対する催奇形性が確認されていた化学物質の数は少なかったとはいえ，サリドマイドによる薬禍が完全に予見不可能だったわけではありません．ずさんな動物実験や臨床試験の論文が受理されていなければ，また製薬会社や厚生省がすでに報告されていた情報や良識ある研究者の警告を聞き入れていれば，多くの被害を未然に防ぐことができたはずなのです．事実，アメリカ合衆国では当時のFDA（食品医薬品局）審査官が安全性に疑問を抱き，製薬会社からの度重なる圧力に屈せずに審査継続を行ったので，被害者は非公式な臨床試験の対象となった比較的少数の人々にとどまりました．

　この事件は科学技術が人の生活に及ぼすインパクトと，その力が暴走して人々を傷つけることがないように科学コミュニティが果たすべきチェック機能の役割について思い起こさせます．

4 学術論文の種類と構成

● 学術論文とは？

学術論文は論理的であり公的なものである

　論文とは一般的に，テーマが専門的であり，調べた情報や実験データ，基礎となる理論などを用いて，論理的に結果を導き出し，新たに得られた考察から発展的な研究につながるような文書を指します．その中でも学術論文とは，**研究成果を書き記した論文**であり，**学術的に意義のある新たな発見や考え・アイデアが含まれた論理的な文章**のことを意味します．研究者は基本的にいかに優れた学術論文を発表したかが，評価基準の一つです．「2　研究のプロセス」で述べたように，研究活動のゴールが学術論文の執筆・発表です．学術論文には**論理性と客観性**が求められます．小説やエッセイ・感想文等とは異なり，自分の思いや考えといった主観的な感情は入れず，事実や理論に基づいて論理的に自分の意見を述べていかなくてはなりません．また，日記やブログ・ノートなどとは異なり**公的な文章**であるため，整った形式で書かれる必要があり，また他者からの評価を受けます．

学術論文の目的

　学術論文を書く場合，**対象とする読者は誰なのか，何の目的で書いているのか**，しっかりと認識しておく必要があります．皆さんが授業で執筆するレポートや論文でも，この点に注意しておく必要があります．対象となる読者は授業を担当する教員ですが，その目的は授業の中で課される課題について学術的に考え，論理的に書き記すための訓練であるといえます（「7　レポート」参照）．その蓄積は,皆さんが近い将来経験する,卒業論文の執筆に活かされていきます．

　卒業論文を含め，修士論文や博士論文は学位論文とよばれ，学術論文の1つの形です．学位論文は指導教員や諮問教員が読者であり，学部や大学院で行った研究内容を学術的に取りまと

めることが目的であり，一定の基準を満たしていると評価されれば，学位が授与されます．

　また国際的な学術雑誌に発表することは，世界中の科学コミュニティを対象に，自分の行った研究成果を知らしめることになります．この場合，学術における成果は，いかに独創的で学術的に意義ある発見や考えを，他の誰よりも早く学術論文に発表したのかによって決まります．研究者はこの学術論文の成果に基づいて他者から評価を受けます．実際，研究者が評価を受けようとする場合，必ずこれまで発表した学術論文の一覧である「業績リスト」を提出することが求められます．また学術論文で発表された研究成果は社会に還元されるべきものでもあります．研究成果が社会に活用されることで，経済的価値や社会的・公共的価値を生み出すことは，大学が求められている使命の1つです．

● 論文の種類

　論文には目的に応じてさまざまな種類があり，以下のように分けられます．

学術論文

　学術論文（Academic paper）は**著者が科学的な新規性や独自性を主張できる研究成果**について詳細に記された論文であり，主に学術雑誌に掲載されます．著者はその成果に責任があり，**盗用**や**二重投稿**などがされていないことが不可欠です．学術雑誌に規定された形式で書かれ，基本的に厳格な**査読**を経て掲載されます（「8　ピアレビュー」参照）．そのため，学術論文が採択・出版されることは，その分野の研究者たちによって論文に一定の妥当性が認められたことを意味します．

学術論文の区分による違い

　学術論文は，その内容および長さ，また速報性などによって区分することができます．基本的に以下のように区分されます．

① **原著論文**（Original paper）：著者が自ら行った研究・調査の内容を，IMRD構造（後述）で記述したものであり，**文献の中では一次資料としての価値が最も高い**ものです．論文の中で，解明しようとする問題は原則的に1つです．方法（Methods）では読者が同様の研究の再現性や問題点を確認できるように，研究手法を過不足なく述べます．結果（Results）では読者がデータの性質を読み取れるように，表やグラフ，図を適宜用いて結果を説明します．
② **総説**（Review）：ある課題やトピックスに関して，これまで報告された多くの原著論文に基づく結論や展望をまとめた論文です．メタ分析（複数の類似の研究データから，全体の傾向を統計的に集約する手法）の結果が示されるものもあります．その課題の研究動向などを最初に知る上で有用です．

③ **速報**（Letter または Communication）：最新の研究内容を，簡易な形式で論文にまとめたものです．研究結果の新規性や速報性が重視されます．

④ **ノート**（Note）：研究過程で明らかになった事実を報告する短い論文です．速報と同じく短い論文ですが，速報性は問われません．

⑤ **会議抄録**（Proceeding）：一般的には国際会議用の論文です．査読が行われる場合と行われない場合があります．国際会議での発表に合わせて，その発表内容を論文の形式でまとめたものです．会議の開催時期に合わせて発行されるので，常に発行されているものではありません．

その他に，研究者の研究をまとめた資料として，学会での発表の要旨をまとめた「**要旨集**」や，大学が出版する「**紀要**」などがあります．これらも，研究者の研究成果をまとめた資料ですが，査読が行われていない場合もあるため，参考文献として引用する際には注意が必要です．

学術論文以外の論文

① **学位論文**：卒業論文，修士論文，博士論文など学位取得を目的とした論文です．学生が書く論文であり，学部や大学院で行ってきた研究課題をまとめたものです．学生がこれまで行ってきた研究活動の総括ともいえます．場合によっては複数の問題を取り扱う場合もあり，これらをまとめて，一定の考察や結論付けがなされます．これらの論文の審査を経て，学位が授与されます．

② **その他の論文**：広義の意味での論文のほとんどは上記の2つ以外となります．厳格な査読を経なくても発表できる雑誌に掲載されるものなど，多くの論文は学術論文でも学位論文でもありません．その意味では学術的価値はあまり高くないと見なされます．しかし，物理学や数学などの分野で利用される arXiv（アーカイブ）（「5　文献検索」参照）では，投稿中の論文も早い段階で読むことができるため，査読はされていませんが研究者によく利用されています．

また皆さんが授業の中で執筆することになるレポートや論文は，この中に含まれます．主に教育目的のために使われますが，学位論文を執筆するための訓練でもあります．

● 学術論文の要素と構成

学術分野や雑誌により順序の違いも見られますが，学術論文は一般的に下記の要素により構成されます．また，各セクションを記述する際に留意すべき点を述べます．

学術論文の要素と執筆の際の注意点

① **タイトルページ**：論文題目，著者名，身分や所属やメールアドレス，キーワード，要旨など，論文の基礎情報を示します．

- **論文題目**（Title）：学術論文の内容を簡潔に示し，一読して分かるようなタイトルにします．また読者が初めに目にする文言であるので，興味関心をひきつけるものを考えます．

- **著者名**（Author）**と所属**（Affiliation）：研究に携わった研究者の名前と所属を列挙します．著者の順序は研究への貢献度順であったり，アルファベット順であったりと，研究分野によって異なります．

- **論文受理日**（Date Received）**と掲載許可（決定）日**（Date Accepted）：学術論文では誰が最も早くその研究成果を発見し，論文として発表したかが問われます．ただ論文は厳密な審査過程を経た上で採択が決定されて，はじめて学術雑誌に掲載されます．学術論文では，投稿された論文が編集者に受理された日付と，審査を経て論文掲載が許可された日付が記載されています．

- **要旨**（Abstract）：学術論文の内容を短く冒頭にまとめたものです．目的，方法，結果，考察のすべてを含むように書きます．要旨を読んで，本文を読みたくなるような書き方を心がけます．

② **本文**：科学論文における本文の基本的な構成は，**IMRD 構造**（あるいは **IMRaD 構造**）と言われます．「序論（Introduction）」から始まり，「方法（Methods）」と「結果（Results）」，そして（and）「考察（Discussion）」の頭文字からとられたものです．決まった順に決められた内容が記述されていれば，自分が知りたい情報を得やすく，また執筆もしやすくなります．それぞれの構成の中で，読者が論理の流れを理解しやすいよう必要に応じて章に分け，適宜ふさわしい見出しをつけます．

- **序論**（Introduction）：その研究分野で今まで明らかとなっていたこと，明らかとなっていないことをまとめ，課題として問題提起します．その課題の位置付けや重要性を説明し，研究の目的を明示します．論文の構成をここで説明することもあります．原理については，すでに理解している専門性が高い研究者が読者であるため，詳しくは書かないことが多いようです．

- **方法**（Methods）：何をどのように研究したのかを具体的に書きます．研究の中で行った，仮説を明らかにするための方法（文献調査，実験・観察，実験装置の作製，理論計算，シミュレーション，結果の解析方法）や実験材料を具体的に説明します．第三者が内容を読んで，研究を再現できるように記述することが求められます．

- **結果**（Results）：研究で得られたデータを整理して示します．表やグラフ・図を用いて結果の着目すべき点はどこか伝わるように工夫します．また，得られた結果が科学的に何を示しているのか，導き出せる事実を記述します．

- **考察**（Discussion）：得られた複数の結果から示される事実を記載します．予想される新しいモデルや，新しい解釈の考え方などを，自分独自の主張や考えとして論理的に示します．また，今後の研究にどのようにつながっていくのか，その展望や新たな問題点の提起，必要となる実験などを示します．"Results and Discussion" として，結果と考察を区別せずに，まとめて記述する場合もあります．

- **結論**（Conclusion）
通常本文の最後は結論で結びます．研究で分かったことを序論で述べた目的に対応するよ

うに書きます.

③ **謝辞**（Acknowledgements）：論文の著者になっていなくても，その研究に貢献（議論やデータ取得など）をしてくれた人物に感謝の意を示します．研究資金のサポートを受けた場合は，研究費の名称や番号を記載します.

④ **参考文献**（References）：研究を行う上で参考にした文献を，統一された形式で列挙します．記載方法は，学術雑誌の規定に従います．（「6　文献の引用」参照）

学術雑誌名　発行年　巻（号）　ページ　DOI など
論文題目（Title）
著者名（Author）　著者所属機関名（Affiliation）
論文受理日（Date Received）・掲載許可日（Date Accepted）

要旨（Abstract）
□ 学術論文の内容をまとめたもの
□ 目的，方法，結果，考察が含まれる
□ 要旨を読んで，本文が読みたくなる書き方を心がける

本文
□ IMRD 構造（あるいは IMRaD 構造）からなる
□ 序論（Introduction）　□ 方法（Methods）
□ 結果（Results）　　□ 考察（Discussion）　□ 結論（Conclusion）

謝辞（Acknowledgements）
□ 研究を実施する上で受けたサポートに対する謝意

参考文献（References）
□ 引用した文献のリスト　□ 書式は雑誌に応じて規定されている

図4-1　学術論文の構成

まとめ

・学術論文は論理的で公的な文章である.

・学術論文を書く目的は，他者から評価され，成果を社会に還元することである.

・学術論文には，その目的によって，原著論文，総説，速報，ノート，会議抄録などの種類がある.

・一般的な学術論文は，要旨，タイトルページ，本文，謝辞，参考文献で構成され，本文は IMRD 構造となっている.

・学術論文を書く際には，研究倫理や書式のルール，投稿規定などを守る.

5 文献検索

文献検索

この章の到達目標

- ・文献検索の必要性を述べられる
- ・文献の種類を列挙できる
- ・文献の二つの探し方を説明できる
- ・ウェブのサービスを使って文献を検索できる

● 文献検索の必要性

研究を行う上で，文献の検索と調査は，欠かすことのできない重要なスキルです．研究者は研究成果を学術論文や書籍などの文献の形で発表します．研究には独創性・新規性が求められるため，研究を行うにあたっては，今までに何が分かっているのか，そして何が新しいのかを明らかにする必要があります．そのためには過去の文献を調べて，先人たちが行った研究成果を知らなければなりません．文献情報はその多くがデータベース化されており，インターネット上で検索して該当する文献を見つけ出し，電子ファイルを閲覧することが可能です．さらに研究を進め，論文を執筆していくためには，自分自身の文献データベースを構築していくことも必要になります．また課題の調査やレポートを執筆する上でも文献検索は必要になります．

この章では，効率的に文献検索を行う方法について解説します．まず，なぜ文献検索を行う必要があるのか，その目的について述べます．

前提知識を習得するために

大学でレポートや論文を作成する上でも文献検索は必要になります．例えば，すでに分かっている事実の調査や前提知識の習得のためには，過去の研究報告を調べる必要があります．

批判的思考のために

批判的思考とは，証拠に基づいて，論理的に偏りのない視点で物事について批判的に考えることを意味します．批判的思考は学問を学ぶ上で重要な姿勢であり，自ら仮説を立てて，その仮説が正しいか，論理的であるかということを検証していきます．これまでの証拠を調べて仮説を立てたり，論理の根拠を知ったりする上で，文献を利用することが必要になります．

研究課題がすでに行われていないかを確認するために

　自ら仮説を立てて検証を進めたとしても，すでに同様の仮説や論理で研究が進められていたら，その研究には価値がないことになり，せっかく労力を割いたとしても徒労におわってしまいます．そのため，研究を始める前に自分が立てた仮説について，同じような研究がすでに行われていないかを確かめておく必要があります．なお，たとえ同じ課題であったとしても，研究の切り口や手法によっては別の結論を導き出せることもありますので，ただちにあきらめる必要はありません．

研究の論理付けのために

　レポートでは，論理性・客観性をもって自らの立てた仮説を検証することが必要とされます．客観性をもつ根拠として，先人たちの研究成果を利用することが求められます．「7　レポート」でも述べられますが，他の人の研究成果について述べる場合には，自分の意見と区別して，参考文献として引用する必要があります．

●文献ごとの用途の違い

　過去の研究をまとめた文献にはさまざまな形態があります．例えば，教科書，学術書，学術論文，調査資料，ウェブ上の情報などが挙げられます．皆さんにとっては教科書や書籍が文献としてはこれまで最も身近であったと思います．今後は用途に応じて文献を使い分けることが重要です．

　最初に分野全体を包括的に理解するためには，**入門書**や，**辞典**，**百科事典**などが適しています．その分野の専門用語や重要な概念を理解することができます．複数の書籍で共通している箇所は重要なトピックである場合が多いので，複数の書籍に目を通すことにより，重要なトピックを頭に入れることができます．さらに専門的な内容を学ぶためには，比較的専門性の高い**学術書（専門書）**を文献として利用することが多いでしょう．加えて，専門書の記事の引用元である学術論文や報告書などを読むことで，さらに詳しい内容を知ることができます．

　多くの研究分野では学術論文の中でも原著論文（「4　学術論文の種類と構成」参照）が最も優先される資料となります．その理由としては，原著論文を含む学術論文が出版される際に，**「査読」**（「8　ピアレビュー」参照）という，研究者による審査過程を経ることが挙げられます．査読を経ることにより，論文の質が担保されます．さらに，原著論文を読むことは，オリジナルなデータに基づく結論を，そのデータを導いた研究方法の利点・欠点と対応付けて知るために不可欠です．

　学術論文の中でも総説は，多くの原著論文での報告を総合してまとめたものです（「4　学術論文の種類と構成」参照）．学術書や教科書と同様に**二次資料**とされ，その分野での議論を手っ

取り早く知る手がかりとして便利です．しかし学術論文を執筆する際の資料としては，二次資料だけでは不十分ですし，速報性もありません．専門的な議論をするためには，個別の学術的な問いに対する検討のプロセスが詳細に記述されている**一次資料**である原著論文を，数多く収集して読み込む必要があります．

● まず手始めに：辞典，事典，書籍

　図書館や個人の契約により利用できる JapanKnowledge は，多くの百科事典・辞事典を一括検索できるデータベースです．語学辞書のみならず，専門用語の定義や背景知識を調べることができる事典が多数登録されています[3]．

　紙媒体の図書を得るためには，書籍として購入するか，図書館を利用します．大学附属図書館の OPAC（Online Public Access Catalog）を利用することで，学内のみならず他大学の附属図書館の蔵書も検索することができます．学外の図書館の蔵書についても，有料のサービスですが，書籍やコピーを取り寄せることができます．大学以外でも，日本国内で出版された書籍はほぼすべて国立国会図書館に所蔵されていますので，国会図書館の NDL-OPAC を用いて文献を検索し，コピーを得ることもできます．

　書籍を購入する際には書店店頭で探す以外にも，ウェブ上（Amazon など）で探すこともできます．近年は海外の専門書は電子書籍化が進んでおり，試し読みや購入を手軽に行うことができます．Google Books では目次や一部のページが公開されている書籍もあり，専門書の内容を確認するのに役立ちます．

● 文献の探し方：学術論文を中心に

　文献には膨大な資料がありますが，その中から自分が関心のある資料や有意義な資料を探し出す方法としては，大別して2通りの方法があります．

　1つ目は膨大な資料を総当たりに調べて，自分が興味のある資料を見つけ出す方法です．資料が電子（デジタル）化されていなかった過去においては，図書館で関連する学術雑誌などを網羅的に調べていったり，学会などの研究者コミュニティを通じて情報を集めたりするくらいしか方法がなく，資料を探し出すには限界がありました．しかしながら，現在ではインターネット上の多くのデータベースの中から，キーワードなどをもとに網羅的に資料を検索して絞り込むことができます．絞り込まれた資料について，著書名，タイトル，要旨，本

---

3) Wikipedia も事典として利用されています．しかしながら，Wikipedia は誰もが自由に編集できるので，客観性や正確性が保証されていません．そのため，直接 Wikipedia を参考資料としてレポートに利用することは避けましょう．しかしながら，Wikipedia で概略を調べる，もしくは Wikipedia 内に記載された引用文献を探す（次ページの「芋づる式探し方」です）ために利用することは問題ありません．

文などの情報をもとに，自分に必要な資料かどうか判断します．この総当たりの検索は自分の判断基準で探すことしかできませんが，すべての資料を調べることができれば，理想的な方法といえます．

2つ目は，資料を別の資料の引用文献から芋づる式に探す方法です．例えば，関連する総説を読み，その引用文献からさらに詳細な文献を探すことができます．この方法では，別の資料の著者による判断基準に依拠してしまいますが，多くの場合その分野で重要な資料が引用されているため，こちらも有用な手段となります．

いずれの場合も，自分の関心によく合致する文献を見つけることができれば，その著者や所属研究室，文献の掲載されている学術雑誌や登録データベースを手がかりにして，効率よく類似の文献を探し出すのに役立ちます．

情報検索の基礎

理系の学術分野では公表された情報については，その多くが電子化されているため，ウェブ検索が検索手法として主流となっています．また，インターネットに接続したコンピューター環境があれば，気軽に検索できることも大きな利点です．ただし，ウェブ検索では，検索方法による検索漏れが起こることがあるため，注意する必要があります．また，書籍等の形では出版されているものの，電子化されていない文献も存在することを念頭に置いておきましょう．

ここでは電子データベース中に含まれる文献にウェブを通してアクセスする方法を説明します．

1つは Google などの検索エンジンを利用して検索する方法です．キーワードを入力して検索を行うと，それぞれの検索エンジンのアルゴリズムに則り，ウェブサイトが表示されます．また，学術資料を対象とする Google Scholar というサービスもあります．英語のキーワードを用いると多くの検索結果を得ることができます．

一般的な検索エンジン以外にも，科学分野を対象とした検索サービスが存在します．大学では多くの検索サービスと契約しており，学内の LAN 環境や，学外のインターネット環境からでも VPN（仮想プライベートネットワーク）サービスを通して，アクセスできるようになっています．

情報検索と文献管理

学術分野ごとに多くの学術論文が出版されています．学術雑誌の多くが電子ジャーナル化され，条件に応じて論文の全文にアクセスすることもできます．それぞれの出版社の論文をまとめて検索できるようなサービスもあり，1つの文献を調べると関連する文献や引用している文献へのリンクを示してくれます．必要に応じて，興味のある分野で，キーワードを用いて検索を行ってみましょう．

表 5-1　さまざまな学術データベース

	運営	主な検索対象分野と特徴
CiNii Articles （サイニー）	国立情報学研究所	日本語の論文を探すことができるサービス.
Web of Science	クラリベイト・ アナリティクス	科学分野の英語の論文を広く探すことができるサービス.
SciFinder	アメリカ化学会	化学分野. 論文以外に化学構造式なども検索できる.
Engineering Village	Elsevier	工学分野. 各種工学系データベースを利用できるプラットフォーム.
arXiv （アーカイブ）	コーネル 大学図書館	物理学, 数学, コンピューター科学, 定量生物学, 計量金融学, 統計学など. 査読中の論文も含めたさまざまな論文を検索可能.
PubMed	アメリカ国立医学図書館 国立生物工学情報センター	生物学, 医学分野. 世界の主要医学系雑誌等に掲載された文献を検索することができる.
ScienceDirect	Elsevier	科学・技術・医学・社会科学分野の電子ジャーナルに加え, 電子ブックも搭載した, 世界最大のフルテキストデータベース.
J-STAGE	科学技術振興機構 (JST)	日本国内の科学技術情報関係の総合電子ジャーナルプラットフォーム.
ResearchGate	ResearchGate	研究者向けのソーシャルネットワーキングサービス (SNS). 原著論文の共有や質問・回答, 協力者の募集などができる.

　これらのデータベースを用いることにより, 膨大な資料の中からキーワードや文献情報をもとに, ある程度自身の興味と関係がありそうな資料を絞り込むことができます. 絞り込んだ資料の中で自分に必要な資料と判断したら, データやコピーとして保存しておきましょう. 特にコピーした資料はレポートや論文を作成する際に, 引用文献として引用できるように, 関心のあるトピックごとに分類し, タイトルなどの必要な情報がわかる形で保存しておくと便利です.

　文献情報や論文のコピーをワンクリックで取り込み, クラウドサーバ上に保存してさまざまな機器から閲覧したりハイライトをつけたりすることのできる**文献管理ソフトウェア**もあり, 資料の整理と引用 (「6　文献の引用」参照) に役立ちます. 無償で利用できるものや, 大学や研究機関が契約して提供しているものもありますので調べてみてください.

まとめ

・文献検索は，前提知識の習得，批判的思考，研究課題がすでに行われていないかの確認，研究の論理付けのために行う必要がある．

・文献には入門書，辞典，百科事典，学術論文など多くの種類があり，用途に応じて使い分ける．

・文献の探し方には，網羅的に探す方法と引用文献から芋づる式に探す方法がある．

・ウェブでは，Google Scholar や，CiNii・Web of Science・SciFinder などの学術データベースを使って文献を検索できる．

コラム　被引用数

　自分が発表した学術論文が，科学コミュニティにおいてどの程度評価されているかを知ることは一般に容易ではありません．

　1つの基準として，その論文が何回，他の学術論文に引用されたか（被引用数）を指標とする場合があります．自分の論文を，他の人がどれだけ参考にして，引用文献として参照してくれたかの指標といえます．Google Scholar や Web of Science で論文を検索すると，その論文の被引用数を知ることができます．ただし，分野によって出版される論文の数は異なり，したがって平均被引用数も異なります．研究内容が批判されて引用されている場合もあり，引用回数が多いだけで単純に評価が高いと決めることができない点にも注意が必要です．また当然ながら，古い論文は被引用回数が多くなる傾向があります．

　それぞれの学術雑誌がもつ影響度や重要度も，この引用数をもとに評価される場合があります．ある学術雑誌が掲載した論文が，過去数年間の間にどれだけ他の雑誌に引用されたのかをもとに**学術雑誌の影響度**を示す指標として，"Impact Factor" などがあります．Impact Factor の高い雑誌としては，*Nature*, *Science* などが有名で，実際，これらの雑誌は論文掲載において非常に厳しい審査を行うため，多くの優れた研究成果が掲載されています．

　ただ最近の Impact Factor の高い雑誌には，著名な研究者が多額の予算を投じ，大規模な研究設備を用いて行った研究成果が掲載される傾向があるようです．低予算ながらも優れた独創性をもつ研究成果が埋没してしまう危険性もはらんでいます．また，Impact Factor はその雑誌の影響力を示すもので，Impact Factor の高い雑誌に掲載されたからといって，その研究成果が優れたものであると決められるものではありません．学術論文を評価する上では，自分自身の批判的な観点が重要なのです．

6 文献の引用

この章の到達目標

・学術論文の執筆で注意すべき二点を述べられる
・盗用（剽窃）とは何かを説明できる
・引用の形式を列挙できる

● 自分の言葉？ 他人の言葉？

　学問の世界では新しい知識や物の考え方が日々生まれています．そのような新たな知見を生み出すことが，学問の歓びの1つです．そして，それらが多くの人に共有されることは，学問の世界において非常に重要です．科学の分野における新しい知識や物の考え方は，多くの場合，学術論文の形で公表されます．したがって，学問の世界に加わるためには，学術論文を書くための作法を身につける必要があります．

　学問の世界における最も大事な作法は，先人たちが積み上げていった膨大な知識や物の考え方がどのようなものであるかをしっかりと認識し，これに十分な敬意を払いつつ，自分が付け加えようとする新しい知見と明確に区別することです．これは，先人たちの努力の成果を尊重することであるとともに，自分が何を貢献しようとしているかを明らかにすることでもあります．

　皆さんが大学生活をおくる中で書くことになる多くの「レポート」も論文の一種です（「7　レポート」参照）．レポートを書くことで，論文を書くための実践的な力を養っているといってもよいでしょう．したがって，レポートを作成する際にも，学術論文を書く作法を今から十分に守って，身につけておく必要があります．

学術論文の執筆にあたって

　学術論文の執筆にあたって注意すべき重要なことが2つあります．それは，**先行研究（先人たちが著書や論文の形ですでに発表しているもの）をきちんと参照すること**と，**自分自身の新しい知見や考えを，それと明確に分ける形で記述すること**の2つです．学術論文の評価は，新たに発表された新しい考えが，真に優れたものであるかどうかによって決まります．皆さんは，自分の論文の中のどの部分が先行研究に依拠するもので，どの部分が自分独自のものであるのかを，はっきりと区別して示す必要があります．

　この区別を曖昧にして，先行研究ですでに指摘されていることを，あたかも自分自身の考え

であるかのように述べてしまうと，そのような行為は盗用（剽窃）とよばれる可能性があります（「3 研究倫理」参照）. **盗用とは**，他人の言葉を，あたかも自分の言葉であるかのように装うことです．学問の世界に身を置くことを自ら放棄する行為でもあり，厳しく非難され，処罰の対象になることもあります．

　皆さんの書いたものが盗用といわれることのないよう，先行研究の引用にあたっては細心の注意が必要になります．学術論文を書くにあたって，盗用というルール違反を避けるために守らなければならない基本的な作法があります．

★注意すること

- ・学術論文の執筆にあたっては，先行研究をきちんと参照する.
- ・自分自身の新しい知見や考えは明確に区別して記述する.
- ・盗用はルール違反であり，罰を受けることもある.

● 盗用

　大学，出版界，さらに社会一般であっても，盗用は知的分野における窃盗行為とされ，盗用を行った者は厳しい非難を浴びます．例えば東京大学では，他の学生と同一の内容のレポートを提出するなどの不正行為が行われた場合，不正行為を行った者と協力した者に対し，そのセメスター期間中に履修した全科目の得点を無効とし，追試験を受ける資格も与えないといった，厳しい処置が行われます．

意図しない盗用

　盗用の意図がないにもかかわらず，結果的に盗用を行ってしまうことがあります．このような故意によらない盗用の事例が多くあります．

　論文を執筆する際には，あるテーマについて，多くの本や文献，さらには記事やウェブページを調べることになります．それらの内容を理解し，記憶するうちに，情報源の中に含まれていた独自の情報や表現・語句を，知らず知らずのうちに自分の論文に取り込んでしまうことがあります．このような，意図しない盗用を避けるためには，以下のことを心がけることが大切になります．

- ・読んだ文献の一覧表を作る.
- ・自分の論文中に使う可能性のある情報や表現・語句について，それらを正確に記述し，情報源を書きとめる.
- ・情報源については，文献表記の際に要求される情報をすべて漏らさず記録する.

● 文中引用

　文献を引用する場合には，レポート・論文の本文中で，その文献の位置付けや役割について記述します．自分の言葉で述べるか，あるいは参考文献からそのまま言葉を引用する場合もあります．以下に例を挙げながら説明します．

直接引用を含める場合

　他人の言葉をそのまま使う場合は，その言葉を引用符で囲み，どこから引用したのかの出典を示す必要があります．例えば，皆さんが進化についてのレポートを執筆していて，以下の一節を読むと仮定しましょう．この一節はリチャード・ドーキンス著『利己的な遺伝子』という本 [4] の9ページにあります．

> 　利己的遺伝子説はダーウィンの説である．それを，ダーウィン自身は実際に選ばなかったやりかたで表現したものであるが，その妥当性をダーウィンは直ちに認め，大喜びしただろうと私は思いたい．事実それは，オーソドックスなネオ・ダーウィニズムの論理的な発展であり，ただ目新しいイメージで表現されているだけなのだ．

　もし皆さんが自分のレポートの中で，この一節にある重要な語句を用いようとするなら，引用符を用いて，それらの語句がどこにあったのかを示さなければなりません．

> 　利己的遺伝子説が従来の進化の考えと合致しているかについては異論もある．しかし，著者自身が「利己的遺伝子説はダーウィンの説である．それを，ダーウィン自身は実際に選ばなかったやりかたで表現したものであるが，その妥当性をダーウィンは直ちに認め，大喜びしただろうと私は思いたい」（ドーキンス, 1991, p. 9）と述べているように，利己的遺伝子説がダーウィンの自然淘汰説に基づいている事は明らかである．

部分的に変更がある引用を含める場合

　引用文章に変更を加える場合は，そのことを明示し，原文の趣旨を変更しないように注意しなければなりません．引用しようとする文や語句の一部を省略したり, 変更したりする場合は，省略符号（…）で省略の箇所を，角括弧（[　]）で変更の箇所を示します．

---

4) ドーキンス, R. 日高 敏隆・岸 由二・羽田 節子・垂水 雄二（訳）(1991). 利己的な遺伝子　紀伊國屋書店. 本書は原書第2版(1989年)を翻訳したものである．第2版の前書きでドーキンスが述べている言葉の訳を引用した.

> ドーキンス（1991）が，「利己的遺伝子説はダーウィンの説である．…ダーウィンは直ちに認め，大喜びしただろうと私は思いたい」(p. 9)と述べているように，利己的遺伝子説はダーウィンの自然淘汰説に基づいている．しかし，「[利己的遺伝子説] は，オーソドックスなネオ・ダーウィニズムの論理的な発展であり，ただ目新しいイメージで表現されている」(p. 9)ことから，一見，その目新しさによって異なる考えに基づくような解釈を与える場合がある．

要約を含める場合

他人の言葉を字句通りに引用するときだけでなく，他人の考えを自分の言葉で表現し直すときにも出典を挙げなければなりません．次のような書き方は許されません．なぜなら，この文章は，ドーキンスの本の一節にある考えを，そのまま真似たことが明らかだからです．

> **（悪い例）**
>
> > 私自身は，利己的遺伝子説とはダーウィンの自然淘汰説に基づいて，それを目新しいイメージで表現した，いわゆるオーソドックスなネオ・ダーウィニズムの論理的な発展であると解釈している．

このような言い換えを行うにあたっては，ここに書かれている考えの元にあるもの，つまり出典に言及しなければなりません．例えば，ドーキンスの考えに自分自身の解釈を加えたり，それをより広い文脈に当てはめたりしようとする時は，それなりの書き方を工夫しなければなりません．次の文章では，前半でドーキンスの考えが要約され，後半では新しい考えが提示されています．

> ドーキンス（1991）は，利己的遺伝子説はダーウィンの自然淘汰説に基づき，それを目新しいイメージで表現した，いわゆるオーソドックスなネオ・ダーウィニズムの論理的な発展であると述べている．ただその焦点が，従来の個体に対する自然淘汰から遺伝子に対するものへと変わったことで，異なる考えに基づく説であるとの解釈を受けることが多いと考えられる．

翻訳を含める文

また，他の言語で書かれた文献に含まれる語句や文を，自分で翻訳して引用する際にも，引用符を用いた上で，出典を示さなければなりません．例えば，生命の起源についてのレポートを書いていて，以下の一節の一部に言及したいとします．Douglas J. Futuyma 著，*Evolution* (3rd ed.) [5] の 104 ページにある文章です．

> The simplest things that might be described as "living" must have developed as complex aggregations of molecules.

---

5) Futuyma, D. J. (2013). *Evolution* (3rd ed.). Sunderland, MA: Sinauer Associates.

この一節を日本語に翻訳した上で引用する場合は，自分の訳を引用符の中に入れ，さらにそれが自分の訳であることを示します．

> 生命の起源については，Futuyma (2013, p. 104) が「『生命』といえる最も単純なものは，分子の複雑な集合体としてできたに違いない」（和訳は著者）と述べているように，化学物質の集積により最初の生命の源が誕生したと考えられる．

どのようなときに引用するか？

上記のような引用は他の研究者の**考え**や**理論**に相当しますが，他にも自分の論じる内容に直接関係する**背景知識**や**用語の定義**を記述する際，また**先行研究**で得られた**結果**を論拠として用いる際に引用が必要です．どのくらい詳細に引用をつけるかは，レポート・論文の目的によります．

> 「親の投資理論 (parental investment theory)」は，Trivers (1972) によって提唱され，ヒトの性差を含む，生物の雌雄差についての研究に多大なインスピレーションを与えた．このアイデアは，元はといえばチャールズ・ダーウィンによる『人間の進化と性淘汰』(Darwin, 1871) によって唱えられた性淘汰の理論にさかのぼるが，雌雄における性行動の積極性の違いについての進化的説明には，ショウジョウバエの遺伝子マーカーを用いたベイトマンの実験を待たねばならなかった (Bateman, 1948)．

一般常識を含める場合

広く一般的に用いられており，出典の著者独自の考えとはいえない語句や，一般常識，多数の独立した情報源から得られる情報については出典を明記する必要はありません．例えば，歴史的事実，生没年，科学の原理，広く知られている情報は，引用として扱う必要はありません．

> 1905 年にアルバート・アインシュタイン（1879-1955）によってもたらされた特殊相対性理論は，人類に宇宙に対しての全く新しい視点をもたらした．

引用の順番

同じ箇所で複数の引用がある時，記述の順番も学術論文の中で一貫させる必要があります．APA スタイル（次節参照）の書き方では括弧内で著者名・発行年順に並べ，著者が変わるごとにセミコロン（；）で区切ります．

> プレーリーハタネズミ (Microtus ochrogaster) が一夫一妻の配偶システムをもつのは，脳の報酬系および隣接する神経回路で，オキシトシンやバソプレッシンといったペプチドホルモンの受容体が多く発現していることによる (Carter et al., 1995; Young, 1999; Young & Wang, 2004; Young et al., 1999).

● 文献情報

　文中で引用した文献の詳細な書誌情報は，レポート・論文の終わりに**参考文献リスト**（References）として記述します．読者が参考文献を参照できるように，正確な文献情報を示すことが求められます．文献情報に含まれる書誌要素は，以下のように分けられます．

① 著者に関する情報（著者名，編者名など）
② 表題に関する情報（書名，雑誌名，論文タイトルなど）
③ 出版に関する情報（出版年，巻，号，ページ，DOI[6]，出版社，版など）
④ 注記的な情報（媒体に関する情報，入手方法，入手年月日など）

　一般的な学術雑誌では，雑誌の発行の順序を巻と号の併用で表します．1つの巻が継続する期間は一定で，原則として年の区切りと一致しています．巻がかわると号は再び1号から始まります．またページは，ある巻の第1号の本文第1ページから始まり，その巻の最終号の本文最終ページで終わるような，通し番号でのページ数になっています．

　参考文献リストの詳細な書き方については，それぞれの学術雑誌が定める投稿規定に従う必要があります．文献管理ソフトウェア（「5　文献検索」参照）にはさまざまな国際誌の書誌スタイルデータベースを利用して，文献情報表記のフォーマットを自動で整える機能があります．個々の引用したい文献を指定することにより，好みの書誌スタイルで文献情報を書き出してくれるウェブブラウザ上のサービスもあります．

　ここでは，アメリカ心理学会（APA: American Psychological Association）の方式を中心に簡単に説明します．APA は *Publication Manual of the American Psychological Association* という詳細な論文執筆手引を出版し，版を重ねています．APA スタイルに類似した文献記述法は，心理学系に限らず広い学術領域で用いられています．和文の文献情報記載法は日本心理学会の「執筆・投稿の手びき」を参考にしました．

　以下の事例では，引用する文献の種類ごとに，APA スタイルで記述すべき書誌要素と順序・書式を示します．次に，日本心理学会の書誌スタイルに従った和文文献表記例，最後に APA スタイルでの欧文文献表記例を示します．

6）DOI は Digital Object Identifier の略です．DOI が分かると，国際 DOI 財団のウェブサイト（https://www.doi.org/）から，電子化された論文にアクセスすることができます．

学術論文

著者名（出版年）．論文タイトル　雑誌名，巻，始めのページ—終わりのページ．DOI

（例1）和文学術論文

> 工藤 和俊（2013）．スキルの発達と才能教育　体育の科学，*63*, 187–190.
> 吉江 路子・田中 美吏・村山 孝之・工藤 和俊・関矢 寛史（2011）．"あがり"とファ
> 　　インモーターコントロール　バイオメカニクス研究，*15*, 167–173.

・出版年は西暦で記述します．
・複数の著者名は中黒（・）で区切ります．
・出版年を末尾に記載するスタイルもあります．
・巻の次に括弧書きで号を示すスタイルもあります．

（例2）欧文学術論文

> Listiawan, D. A., Tanoue, R., Kobayashi, K., & Masuda, T. (2015). Expression
> 　　analysis of transcription factors involved in chloroplast differentiation.
> 　　*Procedia Chemistry*, *14*, 146–151. doi: 10.1016/j.proche.2015.03.021
> Hori, K., Maruyama, F., Fujisawa, T., Togashi, T., Yamamoto, N., Seo, M., …
> 　　Ohta, H. (2014). *Klebsormidium flaccidum* genome reveals primary factors
> 　　for plant terrestrial adaptation. *Nature Communications*, *5*, 3978–3986. doi:
> 　　10.1038/ncomms4978

・複数の著者名はカンマ（,）で区切ります．欧文学術雑誌では姓（Family name）に続
　き，名（First name）をイニシャルのみで表すのが一般的です．また最後の著者名の前は，
　"and"や"&"を加える場合もあります．
・APAスタイルでは，8名以上の著者名は"…"で略します．
・学術誌名を略称で表記するスタイルもあります．省略の仕方は決まっています．例え
　ば，Nature Communicationsと，Journal of Chemical Physicsの略称はそれぞれ，Nat.
　Commun.とJ. Chem. Phys.です．また1つの参考文献欄の中で略称名とフルタイトル
　を混在させてはいけません．

書籍

著者名（出版年）. タイトル（版表示）　出版地：出版社（電子書籍のみ存在する場合は DOI,
参照ウェブページ）

（例3）和文書籍

> 長谷川 眞理子（2002）. 生き物をめぐる 4 つの「なぜ」　集英社

・日本国内で出版された書籍では出版地を記載しません.

（例4）欧文書籍

> Futuyma, D. J. (2013). *Evolution* (3rd ed.). Sunderland, MA: Sinauer Associates.

論文集や編集書中の特定章

著者名(出版年). 論文タイトル. 編集者名, 書名(始めのページ−終わりのページ). 出版地：出版社.

（例5）編集書・監修書の 1 章

> 増田 建（2009）. 二次代謝物の生合成と機能　塩井 祐三・井上 弘・近藤 矩朗（編）ベー
> シックマスター　植物生理学（pp. 243-262）　オーム社

（例6）欧文編集書中の特定章

> Kobayashi, K., & Masuda, T. (2012) Tetrapyrrole. biosynthesis in plant systems.
> In Kadish, K. M., Smith, K. M., & Guilard, R. (Eds.), *Handbook of porphyrin*
> *science* (Vol. 20, pp. 141–211). Singapore: World Scientific.

インターネット上の資料

著者名.（更新日付）. 資料タイトル［資料の種類］　入手先 URL

（例7）和文資料

> トムソン・ロイター（n.d.）. インパクトファクターについて　Claritive Analysis Retrieved
> from http://ip-science.thomsonreuters.jp/ssr/impact_factor/（2016 年 11 月 7 日）

・末尾の括弧内の日付は資料にアクセスした日を表します.

(例 8)　欧文資料

> Rosenberg, J. (May 30, 2019) Histoty of the Nobel Prizes [Web article]. Retrieved from https://www.thoughtco.com/history-of-the-nobel-prizes-1779779 (November 28, 2023)

・更新日付は（2015, June 8）の形式で表します．日付不明の場合は，参考文献の種類にかかわらず（n.d.）と記載します．"no date" という意味です．

　その他にも，新聞・雑誌の記事，判例，ビデオや音声資料，他所で所得されたデータ，分析に使用したソフトウェアや機器の情報も参考文献リストに記載します．

● 文中引用と参考文献リストの関連付け

　本文の文中引用と文末の参考文献リストとの関連付けの方法はバンクーバー方式とハーバード方式に大別されます．

バンクーバー方式（引用順方式）

　本文での引用箇所に引用順に参考文献の連番を振り，参考文献欄に連番順に文献情報を記述します．

> **本文**
> 　メンデルの法則とは，オーストリアの修道院僧であったメンデルにより発見された，有性生殖を行う生物における遺伝の基本法則である．1865 年に発表されたのち，翌年に論文 [1] として発表されたが，その真価が認められるようになったのは 35 年後のことである．『種の起原』[2] で知られるダーウィンもこの論文には気づかず，その後の論文 [3] でもメンデルの法則の要点をつかみながらも，この概念を徹底するに至らなかった．メンデルの法則の再発見は，20 世紀の最初になされ，これが近代遺伝学幕開けの契機となった．
>
> **参考文献**
> 1) Mendel, G. (1866). Versuche über Pflanzen-hybriden. *Verhandlungen des Naturforschenden Vereines in Brünn, 4,* 3–47.
> 2) Darwin, C. (1859). *The origin of species by means of natural selection, or the preservation of favoured races in the struggle for life.* London: John Murray.
> 3) Darwin, C. (1868). *The variation of animals and plants under domestication.* London: John Murray.

ハーバード方式（著者名・発行年方式）

　本文での引用箇所に著者名と発行年を記述し，参考文献欄は著者名・発行年順に文献情報を記述します．APA スタイルはハーバード方式を採用しており，記載順を決める優先順位を次のように定めています．

第1著者姓，第1著者名（著者が1名のみ，もしくは第2著者以下の姓が同一の場合），第2著者姓，第3著者姓，……（以上アルファベット順），発行年，文献タイトル（アルファベット順）

本文

　メンデルの法則とは，オーストリアの修道院僧であったメンデルにより発見された，有性生殖を行う生物における遺伝の基本法則である．1865年に発表されたのち，翌年に論文（Mendel, 1866）として発表されたが，その真価が認められるようになったのは35年後のことである．『種の起原』（Darwin, 1859）で知られるダーウィンもこの論文には気づかず，その後の論文（Darwin, 1868）でもメンデルの法則の要点をつかみながらも，この概念を徹底するに至らなかった．メンデルの法則の再発見は，20世紀の最初になされ，これが近代遺伝学幕開けの契機となった．

参考文献

Darwin, C. (1859). *The origin of species by means of natural selection, or the preservation of favoured races in the struggle for life.* London: John Murray.

Darwin, C. (1868). *The variation of animals and plants under domestication.* London: John Murray.

Mendel, G. (1866). Versuche über Pflanzen-hybriden. *Verhandlungen des Naturforschenden Vereines in Brünn, 4,* 3–47.

まとめ

・学術論文を執筆する際に，先行研究をきちんと参照しながら，自分の考えや発見を明確に分けて記述する必要がある．

・盗用とは研究倫理に反する窃盗行為であり，厳しく非難される（「3 研究倫理」も参照）．

・参考文献の引用には，直接引用や部分的に変更がある引用を含める場合，要約を含める場合などさまざまな形式がある．

レポート

この章の到達目標

- ・レポートの目的を説明できる
- ・レポートに必要な要素を列挙できる
- ・レポート作成上の注意点を述べられる
- ・レポートを書くメリットを説明できる

● レポートとは？

レポートの目的

　レポートや論文を書く技術は，大学において学ぶ最も重要な技術の1つです．しかも，非常に奥が深い技術でもあります．ある課題について論理的に深く思考し，それを他人に分かりやすい文章で表現することは決してたやすいことではありません．しっかりとした内容のレポートを書き上げることで，自分自身の知的能力を向上していくことができます．

　レポートと論文には明確な境界はありませんが，授業や実習の中で教育的な効果を目的として執筆するものを一般的にレポートとよぶのに対して，テーマの学術的専門性がより高く，発展的な研究につながるような内容のものは論文とよばれます．

　レポートは授業や実習における成績評価の採点の指標となるものですが，それだけが目的ではありません．レポートの目的は，**ある課題・問いについて自分で考え，批判的に評価して答えを導き出し，その答えの妥当性を論理的に文章で表現するための訓練**です．すなわち，**レポート作成は論文を執筆するための訓練**であるともいえます．レポートには少なくとも**自分で考え，判断し，結論を得たという軌跡を残す**必要があります．

　レポートは論文と同じように，自分が得た知見を第三者に説明するもので，やはり客観性が求められます．整った形式で書かれる必要がありますが，学術分野によってさまざまな形式があります．ここでは一般的なレポート執筆の方法について述べます．

● レポートに必要な要素

　レポートの課題は，**報告型**と**論証型**に大別することができます．例えば，ある文章の要約や調べ学習のレポートは報告型に含まれますが，論証型のレポートにつながる導入であるといえ

ます．論証型のレポートでは，**課題・問いについて明確な答えを示し**，それを**論理的に裏付け**るための**根拠を示して論証する**ことが求められます．論証型のレポートで必要とされる要素は，①**課題・問い**，②**論拠のある答え**，③**根拠となる資料**です．それぞれの要素において，重要な視点は以下のようになります．

① **課題・問い**：課題・問いは与えられる場合と自分で設定する場合があります．課題を自ら設定する場合には，他人にとって意義ある課題を選ぶようにします．なぜその課題に興味をもち，設定したのか？　その課題についてなぜ学術的に考え，答えるに値するのか？　課題設定における問題意識をはっきり示すことが重要です．

② **論拠のある答え**：答えは明確で分かりやすくなくてはいけません．また，答えには論拠が必要です．答えを論理的に裏付けるための客観的・理論的な根拠を提示して，自分の主張を論証することが求められます．客観的・理論的に評価する中で，自分の主張や課題設定そのものに誤りがあることが明らかになる場合もあります．その場合，やり直しになることもありますが，それは逆戻りではなく，確実な前進であるといえます．

③ **根拠となる資料**：導き出された答えの根拠には，信用できる資料が必要です．例えば，実験データであれば，実際に実験を行って得られた事実なので重要な根拠になります．または，広く認知されている理論に基づいた式や計算も，誰もが認める根拠となるでしょう．そして学術論文として掲載された過去の研究成果も，科学的に認められた根拠とすることができます．

● レポート作成上の注意点

客観的に書く

　学術論文は客観的に真実を明らかにするものであり，主観的な意見を述べるものではないことから，伝統的に「私」という言葉は使われてきませんでした．そのかわりに，「我々」，もしくは「筆者（ら）」という言葉が用いられています．ただ最近は，本人の主体性を示すために「私」として書かれた論文も多くなってきています．特に卒業論文や修士論文などの学位論文では，誰がその研究を行ったのかという主体性と責任の所在を明らかにするために，あえて「私」と書く場合があります．その場合も，「私」個人の主観的な感想を述べるのではなく，真実を明らかにしようとする研究者の一員として，不特定多数の読者を対象に，客観的に分かりやすく書く必要があります．

　レポートにおいても読者のことを考えて執筆します．レポート作成が論文執筆の訓練であることを考えると，理念的には不特定多数の読者を対象に書く必要があります．ただ実際にレポートを書く場合には，授業を担当する教員に分かってもらえるように，そしてクラスメートの知識レベルに合わせて書くのがよいでしょう．

自分自身の考えを述べる

　大学でのレポートでは，あるテーマについて自らの視点で論じることが重要視されます．レポートを書く際は，常に自分自身の考えを述べるようにして，資料からの情報は出典を明らかにするようにします．決して，資料にある文章をそのまま使って語らせるのではなく，自分の言葉で語っていく必要があります．ましてや，他人の文章を出典も明らかにしないまま丸写しにする行為は論外であり，そのような行為は「盗用」にあたります（「3　研究倫理」参照）．文章の中で，**どこが自分自身の考えであり，どこが他人の考えであり，またどこが一般的な知識であるか**を区別しながら書かなければなりません（「6　文献の引用」参照）．

　自分の考えを書くといっても，一般的なレポートでは感情や印象，感想の文言は入れないようにします．互いに矛盾した主張を単に並列して述べるようなことはせずに，最初の問題提起に答えることを目指して論理的に文章を組み立てていきます．特に，論証型のレポートは「いろいろ勉強しました」というアピールをすることが目的ではないため，本題と関係ない蘊蓄を延々と述べてはいけません．結論につながる理論の展開に必要な根拠（文献の引用やデータの分析結果など）を過不足なく織り込んでいきます．論文の場合は特に，先行研究やデータから読み取れる以上の飛躍した考察をしないことも重要であり，ピアレビュー（「8　ピアレビュー」参照）の際に厳しくチェックされます．

レポートの書式

　学術的な文章において，書式の統一は不可欠です．1つのレポートや論文の中では，一定の書式で統一されている必要があります．まず**誤字脱字**がなく，**用語が統一**されていること，また**参考文献の引用方法が統一**（「6　文献の引用」参照）されていることが重要です．また，レポート・論文は公的な文章であるため，文章の構成も統一されていなければなりません（「4　学術論文の種類と構成」参照）．

　また形式的ではありますが，文字の大きさや，1ページの行数，1行あたりの字数，余白などは，ある程度の余裕をもって設定し，視覚的にも読みやすくします．表紙には，レポートのタイトルや，授業名，担当教員，執筆者の名前，学籍番号などの基本的な情報を記載します（図7-1参照）．

　日本語でレポートを書くことが求められる場合，簡単そうに見えるかもしれませんが，こなれた日本語の論述表現にするためには日常的に文章を書く場合とは違い，少しの留意が必要です．学生のレポートによく見られる文体上の不備をコラムにまとめました．レポート以外の論述文や，英語で論文を書く際にも参考にしてください．

　レポートは教育的な面もあるため，簡単にコピーできないよう手書き指定されることもあります．図や画像，表の挿入時のスタイルも書式に従って載せましょう．特に理系のレポートでは，実験結果のグラフを添付することがよくあります．図は，書式に従って，タイトルや軸ラベル，目盛，凡例などの情報を記入した上で，見やすいように大きく描きましょう．

★注意すること

- 問題や用語の定義を明確に行う．略語を使用する場合は初出の際に必ず説明を入れる．
- 指定された字数や分量を守る．「〜以内」ならばその指定分量の 8 割から 10 割，「〜程度」ならば 9 割から 11 割程度を目安とする．
- 余白などの設定は指定があればそれにしたがう．
- 字間と行間バランスを統一する．
- 英数字は半角文字にする．
- 文中で「！」「→」のような記号は使わない．
- 箇条書きで文章を構成しない．
- ページ番号を入れる．
- 図表では，図のタイトルや説明は図の下に，表のタイトルや説明は表の上に書く．
- 参考文献を統一した書式で記入する．
- 用紙が 2 枚以上にわたる場合はホチキス留めする．

　一通りレポートを書いたら，学生同士でピアレビュー（「8 ピアレビュー」参照）するのも有効です．本章の注意点やコラムの文体チェックリストを参考にしながら，互いに確認し，修正して質を高めましょう．

コラム　文体チェックリスト法

　学生のレポートに見られがちな，こなれていない日本語の特徴をまとめました．書き上げた後で，このような文体になっていないか今一度チェックしましょう．

- □ 同じような内容の文が繰り返し出てくる．
- □ 文を体言止めで終えている．
- □ 倒置など，よけいな強調表現が頻出する．
- □ 文章が会話口調で書かれている．
- □ 文章の途中で，突然敬語表現が現れる．
- □ 一文が長すぎて，文章の書き出しと終わりで主語やトピックがずれている．
- □ 適切な段落分けができていない．
- □ 表現が具体的でなく，曖昧である（例：A と B の間には何らかの関係が認められる）．
- □ 今，何を話題にしているのか説明しないまま文脈が変更される．

まとめ

- レポートの目的は，成績評価の採点の指標に加えて，論文を執筆するための訓練を積むことである．
- レポートに必要な要素は，課題や問題意識，論拠のある意見，根拠となる資料である．
- レポートは読者のことを考えて読みやすく書く．
- レポートを書くメリットは，より深い理解と問題発見解決能力，論理的思考力の向上である．

[表紙]　　　　　　　　日付	・レポート提出日.
タイトル	・レポートのタイトル, 授業名, 担当教員.
授業名, 担当教員	・執筆者の名前, 学籍番号.
名前, 学籍番号	
ページ番号	・余白の設定, フォントの統一.
	・ページ番号を入れる.

序論

　このレポートでは, ～～について検討した. 特に, ～～の XX に着目し, ……
　この問いを選んだ理由としては, 近年, ～～が○○に影響を与えて……

ページ番号

- ・どのような課題・問いを扱うか.
- ・その課題の何を明らかにするか.
- ・なぜその課題・問いを選んだのか.

結果
　～～について調べたところ, ……

Y軸の説明　　凡例　　　　表のタイトル・説明

| AA | 10 | 8 | 2 |
| BB | 12 | 6 | 4 |

X軸の説明　　**考察**
図のタイトル・説明　　以上から, ……

ページ番号

- ・研究結果, 考察などを書く.
- ・図を示す場合はタイトルや軸ラベル, 目盛, 凡例などを記入する.
- ・図のタイトルや説明は図の下に, 表のタイトルや説明は表の上に書く.

結論
　～～について検討した結論として, ……
　今後, ～～について考える上では△△の手法が有効である. なぜなら, ……

謝辞
ページ番号

- ・本論で展開した考察や研究結果を簡潔にまとめる.
- ・課題からの提案, 今後の課題, 新たな問題, 今後どのように進めたいか, など.
- ・謝辞を述べる場合は最後に記述

参考文献

A山 B助 (2017). ～～の解析 XX出版
Watson, J. D. & Crick, F. (1953). The structure of … . *Nature, 171,* 737-738.
……

ページ番号

- ・参考文献を統一した書式で記入する.

図 7-1　レポートを書く上での注意点

8 ピアレビュー

● ピアレビューとは

　レポートや論文などを自分で執筆してみて，自分なりに論理構成ができあがっていると感じたり，実験データに隙がないと考えていたりしても，他人の目から見ると見落としていた部分が見つかることがあります．また，他人が書いた文章を読むことで，新たな発想や論理展開に気付かされることもあります．このように相互に批評しあうことは，文章を書く能力を鍛える上で非常に有効な手段です．

　ピアレビューとは，仲間や同僚を意味する「ピア（Peer）」が，経験やノウハウを活用しながら，改善策の検討・提案，評価，すなわち「レビュー（Review）」しあう活動を意味します．初年次ゼミナール理科では，学生同士でペアを組んだり，グループ内で回し読みをしたりするかたちで，お互いにレポートや論文を読みあい，コメントしあう機会があります．

　科学の場では，ピアレビューは重要な過程です．自分が書いた論文を掲載しようと学術雑誌に投稿した場合，学術論文としてふさわしい内容かどうか，正当に判断するための審査（レビュー）が行われます．この場合，「ピア」は，同僚すなわち，自分と同じ分野の専門家を意味します．また，論文に限らず，研究費の申請書類の審査なども同様に行われます．どのような学術分野においても，このような研究者同士の相互審査が行われています．

● 授業における学生同士のピアレビュー

建設的な意見を受けることで完成度を高める

　ピアレビューの過程を通して，自分の文章を客観的に見ることができ，どこを手直しすればいいのか分かるようになります．また，他の学生が書いたレポートを検討することで，自分自身の文章作成スキルの向上にもつながります．また，ピアレビューを通して，自分の考えを客

観的に評価することができ，批判的思考が鍛えられます．多くの場合，教員やTAから助言やアドバイスを得ながら，ピアレビューは繰り返し行われます．このサイクルを繰り返すことにより，論文の完成度を高めていきます．

ピアレビューを行う上で注意すること

ピアレビューでは，間違いを指摘・批判するだけでは，何も新しいものは生まれません．ピアレビューの目的は，論文や意見の論理性の完成度を高めることですので，建設的な意見交換がなされなければなりません．いわば，人と人とのコミュニケーションとしての質が重要になります．

ピアレビューを行う上で注意することの1つ目は，相手のことを思いやることです．その点では，**まずよい点を指摘する**とよいでしょう．いきなり，否定的な意見を述べると，正しくても相手に伝わりにくくなります．

2つ目として，コメントをする際には，**必ず建設的な意見を述べる**ように注意しましょう．改善すべき点を指摘するだけでなく，**どのように改善すればよりよくなると思うのかまで述べる**ことが重要です．

3つ目は，指摘は文章に対して行うのであって，**相手の人格を否定してはならない**ということです．また，レビューされる側も，指摘されているのは文章をよりよくするためであり，自分の人格に対するものではないと理解しておくことも大事です．決して感情的にならず，生産的に話し合います．

4つ目として，**指摘はできるだけ具体的に行う**ということです．抽象的で漠然とした指摘では，何が問題でどのように改善したらよいか分かりません．具体的なポイントを指摘するようにします．

★**注意すること**
- よい点も指摘する．
- 建設的な意見を述べる．論文がさらによくなるために何が必要かを念頭におく．
- 人格否定にならないように配慮する．
- 指摘は具体的に行う．

ピアレビューでチェックする事項

ピアレビューでチェックする事項は以下の通りです．チェックリストを確認しながら，レポートや論文の内容を読んでいくと，自分自身の頭の整理にもなります．文体や書式の具体的なポイントについては，「7 レポート」も参照してください．

- 結論が論理的に導かれているか．
- 結論を裏付けるデータや引用はあるか．

・文献の引用は正確か.

・構成は論理的であるか.

・誤った記述はないか.

・論理の飛躍がないか.

・冗長な記述はないか.

・文章は一義的か.

・誤字,脱字はないか.

・指定された書式に合っているか.

・表記は統一されているか.

・図表と本文は対応しているか.

・目的と結論の対応がとれているか.

● 学術論文におけるピアレビュー

学術論文の審査過程

それぞれの学術雑誌は,その雑誌が果たす目的を明確に掲げています.そして,その学術雑誌に掲載されるためのルールが定められています.研究者は自分が行っている研究成果を論文原稿にまとめ,学術雑誌に送ります.これを論文の投稿といいます.

それぞれの学術雑誌には,研究者などにより構成される編集委員会（Editorial board）が設けられており,投稿された論文はここでまず審査されます.そして,その論文が学術雑誌への掲載を拒否されるか,次の審査にまわされるか決まります.次の審査を行う場合,編集委員はその論文内容を審査するにふさわしい専門家にレビュー（査読）を依頼します.通常は複数名の審査員にレビューを依頼するのが一般的です.また審査員の名前は,投稿した研究者には知らされません（Blind review,後述）.審査員は,論文の論理構成,研究方法やデータの解釈に間違いがないか,見出された発見の重要性や学術的意義は十分か,研究成果の独自性や創造性があり,その分野の研究を大きく躍進させる内容か,文献が適切に引用されているか,その分野の学術雑誌に掲載すべきふさわしい内容か,などについて審査し,審査結果を編集者に伝えます.

編集者は複数の審査員の意見やコメントを参考にして,その学術論文を雑誌に掲載してよいか（採択：Accept）,改訂が必要か（Revision）,また雑誌掲載にふさわしくないので掲載を拒否するか（Reject）を判断して,投稿した研究者に伝えます.

このように,学術論文が掲載されるまでには,その論文が学術雑誌に掲載されるにふさわしいか複数回チェックする機構があります.この点が他の資料よりも,学術論文が文献として重用視される理由になります.学術図書や教科書の内容の裏付けとしても,多くの場合学術論文が引用されています.

ピアレビューの意義

　学術論文の審査は，上記のように非常に手間と時間を要しますが，学術論文の信頼性を保証する上では欠かすことのできない過程であるといえます．投稿する研究者は，論文審査を受けることによって，自分が行った研究成果について正当な評価を受けることができます．また建設的なレビューのコメントを受け，それに従って論文を改訂することで，自分の論文をよりよく改善することができます．編集者にとっては，投稿された多くの論文の中から，自分の学術雑誌に掲載すべき論文を適正に選抜することが可能になります．厳しい審査を経た優れた論文を掲載することで，その学術雑誌の信頼性や影響力を高めることが期待されます．また読者である他の研究者にとっても，どの程度の審査を経て掲載された論文かを知ることで，自分が読むべき論文かどうかを判断する基準となります．また社会に対しても，科学コミュニティから信頼性のある情報を発信していくことが求められています．このように，学術論文のピアレビューの制度は，科学研究の信頼性を保証する根幹をなしているといえます．

ピアレビューの方法

　ピアレビューを行う上では，いくつかの方法があります．

- ・Single-blind review：投稿者は誰が審査員か分からない審査方法です．審査員名を分からなくすることで，より公正な審査を行うことを可能にしています．
- ・Double-blind review：投稿者と審査員双方がお互いを明らかにされない審査方法です．投稿の際には，著者の所属などを示唆する情報を除く必要があります．
- ・Open peer review：投稿者と審査員双方が，お互いが誰か知らされている審査方法です．授業におけるピアレビューはこの方法で行います．お互いを知っているので，厳正な審査にはなりにくいのですが，気軽に相互批評を行うことができます．

ピアレビューの問題点

　ピアレビューの目的や意義を説明しましたが，残念ながら必ずしもその意義通りにならない場合もあります．審査する審査員の能力が至らなかったり，あるいは専門分野が異なるために内容の理解が不十分であったりした場合は，学術論文が必ずしも正当に評価されるとは限りません．

　また，すべてのミスを見つけられるとも限りません．審査員も研究者として日々研究に勤しんでおり，限られた時間の範囲内で審査をしていますので，ミスを見逃すこともあります．また，投稿者が悪意ある操作をした場合，それらを確認することができずに見逃されてしまう場合もあります．審査員も人間ですので常識にとらわれることもあるでしょうし，自分の考えと異なる議論や，過去の研究を否定するような革新的な研究に対して否定的になりがちかもしれませ

ん.このような問題点を克服するためにも,複数の審査員がピアレビューを行うことが重要です.

　また否定的な結果が出た研究は,肯定的な結果が出た研究に比べて公表されにくいという偏りがあることが知られています.これを**パブリケーションバイアス**とよびます.たとえ否定的な結果であっても,学術的に意義があれば研究者コミュニティや社会にとって有用な情報となりえます.しかし,一般的には否定的な研究結果はピアレビューで採択されにくい傾向にあります.

まとめ

- ・ピアレビューとは,仲間や同僚が経験やノウハウを活用しながら改善案の検討・提案・評価しあう活動のことである.
- ・ピアレビューの注意点は,よい点も指摘すること,建設的な意見を述べること,人格否定にならないように配慮すること,指摘を具体的に行うことである.
- ・ピアレビューでのチェック事項は,結論が論理的に導かれているか,結論を裏付けるデータや引用があるか,文献の引用は正確か,構成は論理的であるかなどである.
- ・ピアレビューの意義は,学術的に正当な評価をすること,科学研究の信頼性を保証することである.

グループワーク

この章の到達目標

・グループワークの目的を述べられる
・グループワークの作法を説明できる
・グループワークの進め方を示せる
・グループワークにおける振り返りの重要性を述べられる

● グループワークとは

　グループワークとは授業の到達目標や仲間と共有した学習目標を達成するために，**グループで一緒に学ぶこと**です．社会においても研究においても，個々人の能力をベースにしながらも，他者と共同でグループやチーム，コミュニティを形成して促進的な相互交流を図ることで，個人では成しえない成果を達成することがしばしば求められます．グループワークは単にグループで話しあうことではなく，**課題や目標が明確に設定されており，グループはその目標達成に責任があり，それぞれのメンバーはグループに対して責任と役割を負います**．個人の成功はグループの成功と結びついており，グループ全体で成果を出すように，**互恵的な関係を形成して積極的に助けあうこと**が求められます．

　大学での学びは，自ら問題を発見し，考えて答えを導き出し，さらに表現することが求められます．これらの能力を伸ばす上で，グループワークは非常に有効な手法です．グループワークにおいて，自らの枠組みを超えて，**他者の多様な考え方や価値観を理解して受け入れ**，知識や考え方の幅を広げます．さらに，分析的・批判的思考を通して建設的な議論を構築することで，自らの教養を鍛え上げ，実社会や科学の世界で役立つ人間力を形成します．

　グループワークでは，人との関わりは大前提となりますが，加えて集団での行動に必要なチームワークやリーダーシップが求められます．メンバーが積極的に授業に参加することで主体的に考える能力が形成されるだけでなく，人間関係を形成する上でのコミュニケーション能力が養成されます．一方，グループワークが円滑に行かないと，他人に頼りすぎたり，できる人だけで進んでしまったりして，参加しない人への不満が高まることがあります．**そのためにグループワークでは各メンバーが一定の役割を果たすことが求められます**．

● グループワークの作法

　授業の中で行われるグループワークは，それぞれのグループに課題やテーマが与えられます．多くの場合，担当教員から取り組むべき疑問や解決すべき問題が提示されます．課題によって検討しなければならない項目は異なりますが，一般的に課題には特定の答えはなく，その解決には事実や議論に基づいた分析的・批判的な思考が求められます．グループワークを円滑に，効果的に進めるには，どのような点に気をつければよいのでしょうか．

話しあいの土台をつくる

　グループワークでは，話しあいによる議論が多く行われます．しかし，いきなり人の前で自分の意見を述べることは決して容易ではありません．自分の発言が間違っていないか，受け入れられず恥をかかないか，場の雰囲気に合った意見を述べているかなど，恐れの気持ちが働いて言葉が出ないことがよくあります．実際，グループを形成してすぐに効果的な議論ができる場合は稀で，グループ内でさまざまなわだかまりを解消していくことで，グループは成長していきます．

　グループのメンバーが**お互いをよく知ることで信頼関係が生まれ，他者を仲間として受け入れ自分も受け入れられること，開放的で自由なコミュニケーションを行うことが可能**になります．

　授業中のグループワークでは，授業担当教員が最初に，まずお互いの自己紹介から始めるように指示することが多いです．グループワーク冒頭での**自己紹介は，話しあいの土台をつくる最初の一歩**です．あまり緊張せずに話してみましょう．

情報を共有し，目標を設定する

　グループでは，まずそれぞれのメンバーが持っている知識や情報を出しあって共有します．そして，複数の課題がある場合にはどのテーマを取り上げるか，テーマを解決する上での切り口は何か，議論を進めていく上での方向性や，調査・準備の進め方についてのプランを組み立てていきます．以上を通して，**グループでの課題に対する目標を設定**します．**目的を共有し他のメンバーの意思が明らかになることで，主体的・創造的に参加することが可能になり，互恵的な関係を築いていく**ことができます．

互いの発言に耳を傾ける

　グループワークの議論では，**お互いの発言に耳を傾ける**ことが何よりも重要です．誠意をもって聞く姿勢を意識することで，相手の発言の意図を格段に深く理解することができます．自分の考えとは異なる意見の場合には，反論したくなることがあるでしょう．この場合でも，単にあら探しをしたり，敵対的な態度をとったりしてはいけません．批判的思考とは問題の本質を

認識して論理的根拠に基づいて行う考え方です．自分と異なる価値観をもつ人の意見でも，その本質がどこにあるか，自分の意見との相違点や矛盾点を問いながら，質問したり批評したりするとよいでしょう．決して，否定的な態度でけんか腰になったり相手をやりこめたりするような態度は取るべきではありません．

また自分が正しいと考えていることも，時には批判されることがあります．他者の反論に対しても冷静に聞き，適切であった場合にはそれを受け入れることが求められます．**常に問題の本質を認識しながら，他者と自分の意見とを融合して，グループ全体で納得する新たな結論を導き出す過程**こそが，分析的・批判的思考を通しての建設的議論の構築といえます．

★注意すること
　・自分と異なる意見でも否定的な態度をとらない．
　・批判を受けても冷静に相手の意見を尊重する．
　・常に問題の本質を認識して建設的に考える．

● グループワークの進め方

　グループワークはどのように進めればよいのでしょうか．ここでは，「生成 AI の利用について現状と課題をグループで発表する」という課題に取り組むケースを例にして進め方を考えてみましょう．

1. グループワークの目的・成果物を確認する

　グループワークの**目的**にくわえ，**最終的にもとめられる課題の成果物**をグループメンバー全員で確認しましょう．たとえば，「発表する」という課題であっても，スライドを使ったプレゼンテーションや，作成したレポートの概要説明など，さまざまです．授業で求められる内容をグループで再確認しましょう．

2. 進め方や役割分担を決める

　グループワークの目的・成果物の確認が済んだら，**ゴールにたどり着く方法**を決めます．さきほどの課題の場合，発表資料をつくる前に「生成 AI とはなにか」，「利用の現状はどのようなものか」，「すでに挙げられている課題はなにか」，「自分たちで考えられる課題はなにか」を調べ，議論して考えをまとめる必要があります．ゴールに到達するために必要な要素・作業をグループで洗い出しましょう．また，**作業の順番**も決めましょう．進め方を決めたら，誰がなにを調べるのか，どんな作業をするのか担当を決めます．作業の期間も決めておきます．

また，授業内で完結しないグループワークの場合，メンバー間で情報共有の手段を確認しておくことが必要です．SNSやクラウドでのファイル共有など，様々な手段があります．プレゼンテーションやレポートを共同で作成したい場合は，クラウド上のファイルを複数のユーザーが同時に編集できるサービスを利用することができます．これらのサービスは便利ですが，パスワードの流出などの問題が度々生じており，セキュリティ保護のためにはしかるべき対策をしておく必要があります．また，メンバー間でメールアドレスの交換が必要になる場合は，そのような個人情報を本人の許可なく他者に教えない，といったマナーを守りましょう．

3. 資料収集を行う

次に，**課題に関する資料を調査**する段階に進みます．単に資料を集めただけで満足せず，自分が集めた資料を効率的にメンバーに伝えられるように準備しておきましょう．また，自分が集めた資料がゴールにたどり着くのに役立つのか，ほかに調べる資料はないかを考え，過不足なく資料収集を行いましょう．

4. 情報を整理し議論する

収集した資料を基に，**調査した内容を整理・議論**します．

まず，メンバーそれぞれが調べた内容を共有します．各自が調べた内容を共有する際には，他のメンバーの内容を把握してグループ全員が全体像を知っておくことが重要です．そのためには，資料を入手する時間以上に，内容を読み込んで理解しメンバーに説明しながら，自分も他のメンバーの内容を把握する時間が必要です．また，資料や調査結果は一度持ち寄ればそれで終わりではなく，グループ全体で精査・把握して，不足している部分を繰り返し補う必要があります。必要に応じて，3. と 4. を繰り返しましょう．

次に，集められた資料や調査結果をまとめ，自分たちの考えを述べる場合は議論して，発表する内容を決めます．グループでの議論は，**拡散と収束の段階**に分けられます．拡散の段階では，ブレインストーミングでできるだけ多くのアイデアを出し合います．付箋にアイデアを書き出して模造紙に貼り付ける，ホワイトボードに次々と論点を挙げる，などして議論の内容を視覚化することが有効です．次の収束の段階では，アイデアを論点ごとにまとめて構造化していきます．これにより，議論の要点や流れが明らかになるとともに，欠けている情報を見出しやすくなります．ポイントは，できるだけ多くの可能性を検討し，その中から最適なものを選び出すことです．

先ほどの課題の場合，収集した資料の内容をホワイトボードや付箋に書き出して構造化し論点を抽出できます．まとめ方にもさまざまな切り口がありますが，グループで相談しながら進めることで，課題の全体像を全員が共有できるようにします．まとめられた項目には名前をつけて，まとまりごとの関係や構造を考えます．また，「自分たちで考えられる課題はなにか」

についてブレインストーミングし，付箋に課題を書き出して最適なものを選び出すことができます．

　発表の全体像を考えながら，論点の見取り図を描くことでグループの調査結果を俯瞰的に見ることができます．さらにその強みや弱みが明確になることで，実際の発表に向けてのさらなる改善点が見えてきます．

5. 発表に向けて準備する

　4.で発表内容が決まったら，発表の準備を行います．詳しくは「10 プレゼンテーション」で述べられています．ここでは，グループで発表する場合の注意点を説明します．

　まず，誰が発表するかを決めましょう．発表資料を分担して交代で発表するのか，それとも一人がすべてを発表するのかを決めておきましょう．授業によっては，発表の仕方を授業担当教員が指定することがあります．その場合は，それに従いましょう．

　次に，**リハーサル**を行いましょう．事前にリハーサルを行うことで，本番で失敗しないように，具体的に備えることができます．発表時間や画面の構成など，本番を想定したプレゼンテーションを試しておくことで，頭の中で考えていた以上の多くのことが明らかになります．

6. 発表する

　発表の本番では，グループ全体で意識を共有してプレゼンテーションに集中します．発表後の質疑応答には，相手が何を問うているのかをしっかりと聞いて丁寧に対応してください．この段階でも，自分たちが見逃していた新たな視点があることに気づかされるかもしれません．

　また自分たちのグループの発表が終わった後でも，他のグループの発表をしっかりと聞くことが大切です．授業でプレゼンテーションを聞く時間は，課題設定能力を鍛える絶好のチャンスと心得て，漫然と聞くようなことがないようにしましょう．発表を聞く際にはまず筆記用具やパソコンなどを用意し，ポイントをメモします．事実確認をしたい箇所，論旨の矛盾点，プレゼンテーションの仕方のよい点・悪い点，より深く知りたい内容などを後で指摘できるように問題意識をもちながら記録していきます．質問をするときは曖昧な感想ではなく，何を明らかにしたいのか，何を伝えたいのか明確にして発言するようにします．

7. グループワークを振り返る

　グループワークにおいて**振り返り**[7]は必須要素です．グループワークの体験をもう一度思い起こし，言葉にすることが学びを深める上で非常に大切です．それぞれのメンバーに対する思いやグループ全体での成果や反省点などを振り返り，フィードバックを行うことでさらに多くの気づきが得られます．

　振り返りでは，まず，グループワークの進め方，発表といった自分たちの経験を思い出します．思い出す時には，うまくいった点，うまくいかなかった点の両方を思い出しましょう．次に，うまくいった理由・うまくいかなかった理由をグループで考えましょう．その上で，次にグループワークを行うときに気をつける点，改善する点を話し合います．実際の経験を思い出し，次の経験のために教訓を得ることはとても大切です．そして，得られた教訓を次の機会に活かすことで，よりよいものにしていくことができます．

　グループワークの振り返りをグループだけでなく一人ひとりが行うことも必要です．自分自身の経験を思い出し，個人の作業やグループの議論での振る舞い・貢献を振り返りましょう．そして，次の経験に活かしましょう．

　このようにグループワークを進めても，うまくいかないと感じることがあるかもしれません．そのようなときは，授業を担当する教員や TA（ティーチング・アシスタント，一般的には，授業運営の補助をする大学院生を指し，学生の能動的学びを助けるのに重要な役割を果たします）に相談しましょう．教員や TA は，基本的に「**ファシリテーター**」として関わります．「ファシリテーター」とは議論を促進する人という意味で，適宜助言を与えながらも，学生が主体となって議論が進むようにグループワークをサポートします．

　メンバーそれぞれの知識，能力，労力をもち寄ることで，個人では成しえない新たな価値を創造し，それを分かちあうことがグループワークの醍醐味といえます．授業を実りあるものとするため，グループワークで主体となるのは学生の皆さんであり，問題を発見したり，解決法を考えたりする活動の主体は各グループである，ということを意識することが重要です．

まとめ

- 授業の到達目標や仲間と共有した学習目標を達成するために，グループワークを行う．
- グループワークでは，まず話し合いやすくするために自己紹介し，次に情報共有・目標設定して互恵的な関係を築き，互いの発言に耳を傾けて議論する．
- グループワークは，目的・成果物の確認，進め方や役割分担の決定，資料収集，情報の整理・議論，発表に向けた準備，発表，グループワークの振り返りで進められる．
- グループワークの経験を振り返り教訓を得ることで，次の経験をよりよいものにすることができる．

---

7) 学生と教員・TA との間のコミュニケーションのために，初年次ゼミナール理科では授業各回について，学生が授業の中での「**発見，疑問，質問，その他，教員へのメッセージ**」をウェブブラウザ上で書き込むことのできる「振り返りシート」を用意しています．それに対して，教員あるいは TA がフィードバックを行います．学生はグループワークの過程で直面した問題について相談することができます．

授業でのグループワークを円滑に進める方法

　グループワークは，学生が中心となって進めるものです．しかしながら，授業でグループワークを行う際には，授業担当教員が進め方を考えておき，学生に伝えることが重要です．学生たちが力を十分発揮できるようにグループワークを進めるためのポイントを紹介します．

アイスブレイク

　グループワークでは，少人数のグループを編成することが多いです．グループの大きさは，3〜5名程度ですと議論・作業しやすいです．お互いのメンバーをまだよく知らない段階では，まず自己紹介などをしてお互いの緊張を解きほぐし，固い雰囲気を和らげるようにしましょう．これを，氷を解かす意味から「アイスブレイク」といいます．グループワークで本格的に作業を始める前に，アイスブレイクの機会となる活動を取り入れましょう．

役割を決める

　グループワークを行う上で，メンバーの役割が明確になると議論や調査・発表を円滑に進めることができます．グループワークにおける役割には，「進行役」，「記録者」，「資料作成者」，「発表者」などがあります．それぞれの役割は以下の通りです．役割はグループの中で自然と決まっていく面もありますが，それぞれのメンバーは決められた役割に責任をもつことが重要です．役割は固定する必要はなく，授業の週や課題によって交代してもよいでしょう．グループワークの課題の内容に応じて，授業担当教員が予め役割をつくっておき，授業ではそれを伝え，グループで役割分担を決めてから作業するように指示するとよいでしょう．

- **進行役**：グループ全体をまとめ，議論を円滑に進めます．
- **記録者**：メモを取りながら議論に参加し，必要に応じて話の要点や流れを説明します．
- **資料作成者**：議論のための資料の準備や，全体へのプレゼンテーションのための資料を作成します．
- **発表者**：定められた発表時間内に話し終えられるようにリハーサルをした上で，プレゼンテーションを行います．グループ全員で発表する場合はその順番を決めます．

明確な指示を出す

　グループワークに入る前に，グループワークの目的，課題の内容・成果物を明確に伝えることが大切です．成果物で求められる条件(例：発表時間，スライドに含めるべき内容など)が曖昧だと，グループワークで学生が戸惑ってしまいます．戸惑わないように早い段階で明確に伝えましょう．

　また，グループワークの手順をしっかりと伝えることも必要です．たとえば，アイスブレイクにあたる活動を行ってから議論や作業をしてもらう場合は，それを伝える必要がありますし，役割分担してもらう場合は役割や決め方を伝える必要があります．グループメンバーが初対面どうしの場合は，話す順番を指定してもよいです．「氏名のあいうえお順で順番に話してください」などの指示を伝えることで，学生はスムーズに議論を始めることができます．

コラム　グループワークに役立つ発想の技法

　創造性豊かな発想を生み出すのは，特別な能力をもつ人だけができることなのでしょうか．現在，発想力をトレーニングするさまざまな方法が開発されており，手続きに従うことで，創造的なアイデアを生み出すスキルを高めることができると考えられています．

ブレインストーミング

　1941年，アメリカの広告代理店の社長であるアレックス・オズボーンにより考案された，問題解決のために新しい発想を生み出すための会議の方法です．

・まずグループをつくって机を囲み，付箋を配ります．

・1回5分くらいに時間を区切って，できるだけ具体的なテーマを与えます．
　　例「半年間休みがとれることになりました．有効活用する方法を考えてください．お金の心配はしなくてよいものとします．」

・アイデアは付箋1枚につき1つずつ書きます．ルールは4つだけです．

　　1. **判断延期**（同席する他人の意見の批判をしない）
　　2. **自由奔放**（思いついたことは何でも自由に）
　　3. **質より量**（いろいろな角度から，できるだけ多くのアイデアを出す）
　　4. **結合改善**（アイデア借用・連想OK）

KJ法

　ブレインストーミングでアイデアが可視化されたら，それらを内容が似たものごとにまとめ，構造化してみましょう．ブレインストーミングが思考の発散を目的としているのに対し，KJ法はアイデアの収束を主たる目的としています．KJとは，文化人類学者である川喜田二郎の名前から取られました．

・ブレインストーミングで書きだされた付箋を見て，内容が本質的に似ているもの同士をまとめて小グループとします．付箋は，卓上用ホワイトボードや模造紙に貼り付けていきます．

・各小グループに内容を表すタイトルをつけます．分類している間に思いついた新しいアイデアや上位概念は，違う色の付箋に書き込み，小グループ同士をさらに大きなグループにまとめる際に適宜利用します．
・付箋をできあがったグループごとに線で囲んだり，グループ間を矢印で結んだりして関係性を明確化します．

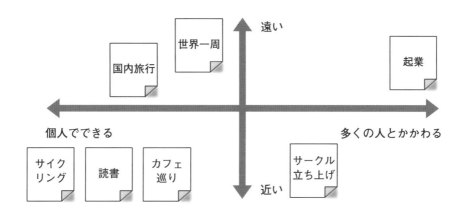

図 9-1　KJ 法によるアイデア構造化手法のひとつ．評価軸を抽出・設定し，付箋をマトリックス上に配置する．

マインドマップ

　アイデアを広げようとするテーマを中心の図形に書き込み，関連するアイデアを階層化した放射状の曲線（枝）で表現してつなげていくことで可視化し，整理していく方法です．イギリスの著述家であるトニー・ブザンによって定式化され，ThinkBuzan 社の登録商標となっています．個人でも，グループででもできます．授業内ではホワイトボードや模造紙で作業できますが，コンピューター上でもできるように，無償・有償のソフトウェアが用意されています．

10 プレゼンテーション

● プレゼンテーションとは

　プレゼンテーションとは，ある対象についての情報を他者に伝えることであり，口頭説明を基本に，資料やデータなどを示しながら，聴衆の理解を求めることです．

　今まで皆さんが経験してきたプレゼンテーションとしては，自己紹介もその一例といえます．また，授業の一環として，他者の研究内容の紹介や，自分が行った課題を発表することもプレゼンテーションです．さらに今後，学術分野では大学や研究所，学会内での研究発表をするときに，また一般企業でも商品や企画の説明をするときに，プレゼンテーションを行います．これから皆さんのプレゼンテーションの機会は，もっと増えていくでしょう．

　学術的なプレゼンテーションには，主にポスター発表と口頭発表の2つの形があります．ポスター発表は，自分の考えや成果をポスターにまとめて掲示し，少人数の聴衆に直接説明したり，議論したりするスタイルです．興味をもってくれた人と自由に議論を深めることができる一方で，多くの人に自分の研究の成果を知ってもらうのは難しいといえます．

　一方，口頭発表は会場の聴衆の前で，講演形式で成果を発表するスタイルです．一度に多くの人に自分の成果をアピールできますが，時間制限があるため聴衆との間で議論を深めることは難しい場合もあります．

● プレゼンテーションの目的

　このようなプレゼンテーションをなぜ行う必要があるのでしょうか．まず，①**聴衆に自分の考えを理解してもらう**ことが目的として挙げられます．また，相手に理解してもらえるように発表の準備を行う過程で，②**自分の考えを論理的に構成し，明確に分かりやすくまとめること**ができます．プレゼンテーションの後には，③**聴衆から意見をもらう**ことができ，それらの意見をもとに，さらに自分の考えを分かりやすくしたり，新しいアイデアを構築したりすること

が期待できます.

　②の目的は, 漫然と準備をしているだけでは達成されにくく, 聴衆に自分の考えを理解してもらおうと常に意識して準備することが必要です. また, ③の目的についても, 自分の主張を聴衆に正確に理解してもらっていることが前提になります. そういった意味では, ①の目的が最重要といえるでしょう.

● 効果的なプレゼンテーションの方法

　このような目的を達成するためには, どのようにプレゼンテーションを行えばよいのでしょうか. プレゼンテーションをうまく行う上ではさまざまなテクニックがありますが, それらはすべて聴衆に自分の考えを伝えて理解してもらうためのものです. 独りよがりでプレゼンテーションを行うのではなく, **聴衆を思いやり, 聴衆の立場になって, どうすれば相手に伝わるのかということを念頭において工夫する**ことが重要です.

　ここでは, 6つの方法を紹介します. ①と②は内容面, ③, ④, ⑤, ⑥は形式面に関わる点です.

① 研究成果のエッセンスに絞ってわかりやすく伝える

　授業での発表, 学会発表, 一般聴衆への研究紹介であるアウトリーチ活動など, 科学分野でのプレゼンテーションにはさまざまなケースがあります. **対象に応じて予備知識が異なるため, どのような導入を準備するのか, どのような用語を使うのが適切かなど, 配慮する必要があります.** 例えば, 専門用語は専門家の間では通じますが, 専門用語を知らない人を対象にした場合, 別の言葉に言い換えたり, 導入のときに説明したりする工夫が必要となります.

　プレゼンテーションでは時間が限られているため, 細かい実験方法など, 自分の考えたことや取り組んだことをすべて発表し, 理解してもらおうと思ってはいけません. 効果的なプレゼンテーションを行うには, **研究成果のエッセンスに絞ってわかりやすく伝える**ことで, **自分の主張の根幹となる部分を聴衆に正確に理解**してもらうことが大切です.

② 先行研究の内容と自分の研究の内容とを区別する

　自分の主張の根幹となる部分を正確に理解してもらうためには, **どこまでが先行研究で明らかにされている内容で, どこからが自分の研究で明らかにしたことなのかを明確に**する必要があります. 先行研究を紹介する際には, プレゼンテーションにおいても文献を示すようにしましょう (「6 文献の引用」参照).

③ 背筋を伸ばして明瞭に話す

　以上のような内容面を工夫しても, 発表の形式 (デリバリー・スキル) が上手くないと, 自分の主張の根幹となる部分を聴衆に正確に理解してもらうことが難しくなります. まず

は，基本的な点ですが，背筋をしっかりと伸ばして明瞭に話すように意識しましょう．学術発表の場では，「しゃべりの達人」のように話す必要はまったくありませんが，ぼそぼそと聞き取りにくい声で話してしまうと，せっかくよい内容を話していたとしても，聴衆に伝わりにくくなってしまいます．

④ 聴衆とアイコンタクトをとって話す

　また，聴衆とアイコンタクトをとって話すと，自分の発表に対する**聴衆の関心を持続させる**ことができます．多くの発表が続く場合など聴衆の集中力がどうしても切れてしまうときがあります．自分の主張を正確に理解してもらうには聴衆に一定の集中力をもって聞いてもらう必要がある以上，聴衆をひきつけるのもプレゼンテーションをする側の仕事だと思って工夫しましょう．

　さらに，アイコンタクトをとっていれば**聴衆の反応がわかる**ため，理解できていなさそうなときには補足の説明を加えるなど臨機応変に対応することができるようになります．

⑤ 重要な部分を強調して話したり問いかけを入れたりする

　明瞭に，そして聴衆とアイコンタクトをとって話していても，発表時間が長い場合には，聴衆の集中力が途中で切れてしまうときがあります．重要な部分を強調して話すなど抑揚をつけることで，**自分の研究の重要な部分を話す際に聴衆の集中力が高まっている状態を**目指しましょう．一方的に話し続けるのではなく，時折問いかけを入れて，聴衆に考えてもらう時間を短く設けることも効果的です．

⑥ 資料をみやすいものにする

　映写したり配布したりする資料をみやすくする工夫も必要です．特に，スライドの場合には文字を詰め込みすぎないようにしましょう．せっかく重要なことが書いてあっても，見づらい資料では聴衆の読む気が失せてしまいます．**箇条書き**にしたり**図表**を用いたりして，視覚的にもわかりやすいプレゼンテーションを目指しましょう．

●効果的なプレゼンテーションのための準備の方法

　このような効果的なプレゼンテーションを発表当日にするには，しっかりとした準備が必要です．以下の5つの手順を踏んで準備を進めるのがよいでしょう．

① どこで，誰に，どのくらいの時間話すのかを把握する

　プレゼンテーションの準備に際して，まず重要なのは，どのような場で発表するのか，ということです．授業中なのか，会議の中なのか，学会なのか，その規模によって準備や

心構えも変わってきます．また，上述のようにどのような聴衆を対象にしているのかを把握して工夫する必要があります．

　さらに口頭発表の場合は，発表時間を確認することも重要です．同じ研究グループ内のセミナーだと，30〜60分の場合もありますが，授業内の発表では，一般に5〜10分程度と非常に短い時間で行わなければなりません．発表時間を守ることは最低限求められることですので，**決められた時間内に，自分の意見を過不足なく伝える**ためには，構成と時間配分をあらかじめよく練っておく必要があります．

② 何を伝えたいのかを明確にする

　次に，自分がプレゼンテーションによって何を伝えたいのかを明確にしましょう．「効果的なプレゼンテーションの方法」としても述べましたが，重要な点なので繰り返しますと，効果的なプレゼンテーションのコツは，**研究成果のエッセンスに絞ってわかりやすく伝えること**で，**自分の主張の根幹となる部分を聴衆に正確に理解してもらう**ことです．準備段階から，研究の細かい点にとらわれるのではなく，何がエッセンスなのかを明確にするようにしましょう．

③ 構成を考える

　伝えたいことが決まったら，それをどのような順番で示すのが最も効果的か，**聴衆の立場になって吟味する**ことが重要です．プレゼンテーションの構成としては，「導入」，「メイン（方法と結果）」，「考察（まとめ）」という流れが一般的です．

　発表には制限時間がありますから，自分が話したいことをすべて盛り込めるとは限りません．無理に詰め込むと早口になったり，聴衆の理解が追い付かなかったりして，自分の伝えたいことが聴衆に伝わらないという結果を招いてしまいます．**優先順位をつけて特に重要なものに絞った内容**にしましょう．なお，取捨選択の過程で発表から外したものも質疑応答の際に使えることがありますので，予備資料としてとっておくと便利です．

④ 発表材料をそろえる

　構成が決まったら，それぞれに用意した発表材料（実験結果のグラフなど）を説明の流れに沿った順番で配置していきます．プレゼンテーション用のソフトウェアを用いることで，一貫性のある美しいデザインのスライドを簡単に準備することができます．さらに，アニメーション効果などを使うことで聴衆の目をひくようなプレゼンテーションを行うことも可能です．しかし，アニメーション効果などを過度に使うと，聴衆が発表の中身に集中できなくなってしまいます．美しく表現することにより聴衆をひきつけることも重要ですが，**自分が伝えたいことを十分に伝えられるかということが最も重要**であることを忘れないようにしましょう．

　資料（ポスターやプレゼンテーションソフト）はあくまで発表を補助するものですので，

資料に踊らされない発表にすることが重要です．時にはシンプルに，ホワイトボードや黒板に手書きで説明することの方が効果的な場合もあります．

⑤ リハーサルをする

　準備が一通りできたら，事前にリハーサルを行いましょう．その際，誰かにリハーサルを見てもらい，第三者の視点からよい点と問題点の双方を指摘してもらうと，さらなる改善につなげることができます．問題点を指摘してもらうだけだと，問題点を改善しようとするなかで，せっかくのよい点が消えてしまうということにもなりかねません．一方，問題点をきちんと指摘してもらわないと，改善の機会が失われてしまいます．リハーサルを見てもらう人には**忌憚なく建設的な意見**を寄せてほしいとお願いしましょう．

　プレゼンテーションが成功するかは，どれだけ念入りに準備をしたかにかかっています．問題点が発見されたら，その問題点に相当する手順（例えば，構成に問題があるのであれば手順③）まで戻って改善し，リハーサルまでの流れを繰り返すようにしましょう．本番で落ち着いて発表に専念できるように，プレゼンテーション ソフトウェアでのスライド送りの操作や，レーザーポインターの使い方，プロジェクターとの接続にも馴れておきましょう．コンピューターから映像を出力する際に別途変換アダプターが必要になる場合もあります．また，話し方や聴衆へのアイコンタクトについても，上手にできるようになるまで繰り返し練習することが大切です．最初からプレゼンテーションを上手にできる人などほとんどいません．リハーサルと改善を繰り返すことを厭わないようにしましょう．

まとめ

- 学術的なプレゼンテーションには，主にポスター発表と口頭発表の２つの形がある．
- プレゼンテーションの目的で最も重要なのは，聴衆に自分の考えを理解してもらうことである．
- 効果的なプレゼンテーションを行うためには，聴衆を思いやり，聴衆の立場になって，どうすれば相手に伝わるのかを念頭において工夫することが重要である．
- 効果的なプレゼンテーションを行うためには，手順を踏んで準備をしたうえでリハーサルを行い，適宜改善作業を繰り返すことが重要である．

タイトル

氏名1（所属機関1），氏名2（所属機関2）
発表年月日 学会名など @開催場所

1. 要旨（研究目的や研究成果を簡潔にまとめる）

2. はじめに（研究の背景や，先行研究の紹介など）

3. 研究方法（どのように研究を行ったのか，方法を説明する）

4. 結果（実験の結果をポイントを押さえて端的に説明する）
（図表や写真を用いるとよい）

Y軸の説明　凡例
X軸の説明
図のタイトル・説明

表のタイトル・説明

| AA | 10 | 8 | 2 |
| BB | 12 | 6 | 4 |

5. 考察・結論（結論は箇条書きにまとめると分かりやすい）

■ 項目1
■ 項目2
■ 項目3

結論
1. ―――――
2. ―――――
3. ―――――

6. 参考文献

① タイトル

・タイトルは短めにして分かりやすく，興味を引くように.

・発表者と共同研究者の氏名，所属を正確に書く.

・ポスターのサイズは通常指定されている（通常 A0 サイズの場合が多い）.

② 文章

・2 m 離れても読めるように文字は大きく.

・全体をみて，流れが分かるように配置.

・重要な点は色やフォントを変えて強調する.

・説明がなくても，ポスターを読んだだけで内容を理解できるように.

③ 図表・グラフ

・図の下に，図のタイトルと説明を書く.

・表の上に，表のタイトルと説明を書く.

・凡例，縦横軸のラベル名，目盛，および単位を書く.

・線やマーカーの種類や色を変えて区別しやすくする.

・数値や文字は，大きく書くようにする.

・写真や結果のグラフなどは，明瞭に見えるように大きめなサイズにする.

図 10-1　ポスター発表の構成

表紙

イントロダクション

目的

研究方法

結果

考察

まとめ

謝辞

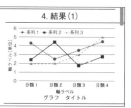

① 表紙

・タイトルは分かりやすく，興味を引くように．

・発表者と共同研究者の氏名，所属を正確に書く．

・プレゼンテーションの構成を目次（Outline, Contents）の形で書いてもよい．

・質疑応答で質問者が場所を指示しやすくするよう，スライド番号を右上隅に添える．

・サンプル提供・技術指導や，科研費などのサポートへの感謝を忘れない．

② 文章

・文章は短めにして，あまり詰め込みすぎない．

・基本的に1スライドに1テーマ．

・イラストを交えて，文章を読まなくても分かるように．

・重要な点は色やフォントを変えて強調する．

・箇条書きは5個以内に．

・文字の大きさは，28 pt 以上で見やすくする．

③ 図表・グラフ

・図の下に，図のタイトルと説明を書く．

・表の上に，表のタイトルと説明を書く．

・発表の際には，図表が何を意味するものか説明する．

・凡例，縦横軸のラベル名，目盛，および単位を書く．

・線やマーカーの種類や色を変えて区別しやすくする．

・数値や文字は，大きく書くようにする．

図 10-2　口頭発表の構成

より深く知るために

アカデミックな知の現場へ

Griffin, P., McGaw, B., & Care, E.（Eds.）.（2012）. *Assessment and teaching of 21st century skills*. New York: Springer.
（グリフィン，P. マクゴー，B. ケア，E. 三宅 なほみ（監訳）（2014）. 21世紀型スキル——学びと評価の新たなかたち　北大路書房）

石井 洋二郎・藤垣 裕子（2016）. 大人になるためのリベラルアーツ——思考演習12題　東京大学出版会

小林 康夫・船曳 建夫（編）（1994）. 知の技法——東京大学教養学部「基礎演習」テキスト　東京大学出版会

永田 敬・林 一雅（編）（2016）. アクティブラーニングのデザイン——東京大学の新しい教養教育　東京大学出版会

OECD（2005）. *The definition and selection of key competencies: Executive summary*. https://www.oecd.org/pisa/35070367.pdf

Rychen, D. S., & Salganik, L. H.（Eds.）.（2003）. *Key competencies for a successful life and well-functioning society*. Cambridge, MA: Hogrefe & Huber Publishing.
（ライチェン，D. S. サルガニク，L. H. 立田 慶裕（監訳）（2006）. キー・コンピテンシー——国際標準の学力をめざして：OECD De So Co：コンピテンシーの定義と選択　明石書店）

OECD（n.d.）. Learning Compass 2030. https://www.oecd.org/education/2030-project/teaching-and-learning/learning/learning-compass-2030/

OECD（2020）. OECDラーニング・コンパス（学びの羅針盤）2030 仮訳. https://www.oecd.org/education/2030-project/teaching-and-learning/learning/learning-compass-2030/#:˜:text=Also%20available%20in-,Japanese,-Next%3E

白井 俊（2020）. OECD Education2030プロジェクトが描く教育の未来——エージェンシー，資質・能力とカリキュラム　ミネルヴァ書房

トーマス, S, マラニー, クリストファー, レア, 安原和見（訳）（2023）. リサーチのはじめかた——「きみの問い」を見つけ，育て，伝える方法　筑摩書房

研究倫理

日本学術会議（2013）. 声明 科学者の行動規範 改訂版　日本学術会議 https://www.scj.go.jp/ja/info/kohyo/pdf/kohyo-22-s168-1.pdf

日本学術振興会「科学の健全な発展のために」編集委員会（2015）. 科学の健全な発展のために——誠実な科学者の心得——　日本語テキスト版　日本学術振興会 https://www.jsps.go.jp/j-kousei/data/rinri.pdf

Stephens, T., & Brynner, R.（2001）. *Dark remedy: The impact of thalidomide and its revival as a vital medicine*. New York: Perseus.
（ステフェン，T. ブリンナー，R. 本間 徳子（訳）（2001）. 神と悪魔の薬サリドマイド　日経BP社）

東京大学（2021）. 科学研究行動規範リーフレット　東京大学 https://www.u-tokyo.ac.jp/content/400030733.pdf

研究のプロセス，文献の引用，ピアレビュー

American Psychological Association（2009）. *Publication manual of the American Psychological Association*（6th ed.）. Washington, DC: Author.

Allen, K. L.（Ed.）.（2005）. *Study skills: A student survival guide*. Chichester, UK: Wiley.
（アレン，L. 伊藤 俊洋（監訳）（2005）. スタディスキルズ——卒研・卒論から博士論文まで，研究生活サバイバルガイド　丸善）

上出 洋介（2014）. 国際誌エディターが教えるアクセプトされる論文の書きかた　丸善出版

市古 みどり（編著）（2014）. 資料検索入門——レポート・論文を書くために　アカデミック・スキルズ　慶應義塾大学出版会

日本心理学会（2015）. 執筆・投稿の手引き 2022年版　日本心理学会 https://psych.or.jp/manual/

山田 剛史・林 創（2011）. 大学生のためのリサーチリテラシー入門——研究のための8つの力　ミネルヴァ書房

レポート

井下 千以子（2019）. 思考を鍛えるレポート論文作成法 第3版　慶應義塾大学出版会

石井 一成（2011）. ゼロからわかる大学生のためのレポート・論文の書き方　ナツメ社

慶應義塾大学教養研究センター（監修），慶應義塾大学日吉キャンパス学習相談員（著）（2014）. 学生による学生のためのダメレポート脱出法　アカデミック・スキルズ　慶應義塾大学出版会

桑田 てるみ（編）（2015）. 学生のレポート・論文作成トレーニング 改訂版 スキルを学ぶ21のワーク　実教出版

中田 亨（2010）. 理系のための「即効！」卒業論文術——この通りに書けば卒論ができあがる　講談社

小笠原 喜康（2018）．最新版 大学生のためのレポート・論文術　講談社

酒井 聡樹（2017）．これからレポート・卒論を書く若者のために 第2版　共立出版

酒井 聡樹（2015）．これから論文を書く若者のために　究極の大改訂版　共立出版

佐藤 望（編著），湯川 武・横山 千晶・近藤 明彦（著）（2020）．アカデミック・スキルズ──大学生のための知的技法入門 第3版　慶應義塾大学出版会

戸田山 和久（2022）．最新版 論文の教室──レポートから卒論まで　NHK出版

グループワーク

安部 敏樹（著），坂口 菊恵（監修）（2015）．いつかリーダーになる君たちへ──東大人気講義チームビルディングのレッスン　日経BP社

新井 和広・坂倉 杏介（2013）．グループ学習入門──学びあう場づくりの技法　アカデミック・スキルズ　慶應義塾大学出版会

Gray, D., Brown, S., & Macanufo, S.（2010）. *Gamestorming: A playbook for innovators, rulebreakers, and changemakers*. Sebastopol, CA: O'Reilly.

（グレイ，D. ブラウン，S. マカヌフォ，J. 野村 恭彦（監訳）（2011）．ゲームストーミング──会議，チーム，プロジェクトを成功へと導く87のゲーム　オライリー・ジャパン）

川喜田 二郎（2017）．発想法 改版──創造性開発のために　中央公論社

川喜田 二郎（1970）．続・発想法──KJ法の展開と応用　中央公論社

高橋 誠（2007）．ブレインライティング──短時間で大量のアイデアを叩き出す「沈黙の発想会議」　東洋経済新報社

中原 淳（2022）．「対話と決断」で成果を生む 話し合いの作法　PHP研究所

鈴木 克明・美馬 のゆり（編著）（2018）．学習設計マニュアル──「おとな」になるためのインストラクショナルデザイン　北大路書房

プレゼンテーション

Anholt, R. R. H.（2006）. *Dazzle'em with style: The art of oral scientific presentation*（2nd ed.）. New York: Academic Press.

（アンホルト，R. R. H. 鈴木 炎・リー，I. S.（訳）（2008）．理系のための口頭発表術──聴衆を魅了する20の原則　講談社）

堀口 安彦（2013）．発表が楽しくなる！研究者の劇的プレゼン術──見てくれスライド論&よってらっしゃいポスター論と聴衆の心をつかむ講演技術　羊土社

宮野 公樹（2009）．学生・研究者のための 使える！PowerPoint スライドデザイン──伝わるプレゼン1つの原理と3つの技術　化学同人

宮野 公樹（2009）．学生・研究者のための 伝わる！学会ポスターのデザイン術──ポスター発表を成功に導くプレゼン手法　化学同人

酒井 聡樹（2008）．これから学会発表する若者のために──ポスターと口頭のプレゼン技術　共立出版

高橋 佑磨・片山 なつ（n.d.）．伝わるデザイン　研究発表のユニバーサルデザイン https://tsutawarudesign.com/

高橋 佑磨・片山 なつ（2021）．伝わるデザインの基本 増補改訂3版 よい資料を作るためのレイアウトのルール　技術評論社

塚本 真也・高橋 志織（2012）．学生のためのプレゼン上達の方法──トレーニングとビジュアル化　朝倉書店

授業設計・運営

栗田 佳代子・中村 長史（2023）．インタラクティブ・ティーチング実践編2 学びを促すシラバス──コースデザインの作法と事例　河合出版

松下 佳代・京都大学高等教育研究開発推進センター（編著）（2015）．ディープ・アクティブラーニング　勁草書房

永田 敬・林 一雅（編）（2016）．アクティブラーニングのデザイン──東京大学の新しい教養教育　東京大学出版会

中井 俊樹（2015）．アクティブラーニング　シリーズ大学の教授法　玉川大学出版部

中村 長史・栗田 佳代子（2021）．インタラクティブ・ティーチング実践編1 学びを促す授業設計──クラスデザインの作法と事例　河合出版

東京大学教養教育高度化機構アクティブラーニング部門（編）（2021）．東京大学のアクティブラーニング──教室・オンラインでの授業実施と支援　東京大学出版会

Active Learning in First-Year Seminars

実践編　実録！初年次ゼミナール理科

授業のパターン

　　初年次ゼミナール理科の授業はいずれもグループワークを基本としており，学生が主体的に，具体的なゴールを持った研究や演習に取り組みます．そのため，1クラス20人前後の学生に対して教員とTAが1人ずつ，授業によってはそれ以上の教員とTAがつき学習をサポートします．

　　教員はそれぞれの専門分野に応じて授業のテーマを設定し，前提知識の概要を伝えた後，それぞれの作業内容と時間配分を指示します．グループワークの際には教員とTAはファシリテーターの役割を担い，直接正解を教えることはせず，試行錯誤を通じて学生が学べるようにディスカッションを通じてヒントを与えます．

　　このような研究的な課題を通しての学びは，**Project Based Learning（PBL）**と呼ばれます．課題設定能力が重視されること，解にいたるまでの資料も自分たちで探して結論をまとめ，成果を他者と共有しなければならないこと，は各授業で共通する点です．一方で，**成果物が何か，研究のプロセスのうちどの部分に特に焦点を当てるか**，によって授業構成の特徴に違いが見られますので，実施された内容をもとに7つに類型化しました．実際のゼミナールでは複数の型の要素を含むものも多く，教員は自由な発想で新たな授業の創造に挑戦しています．

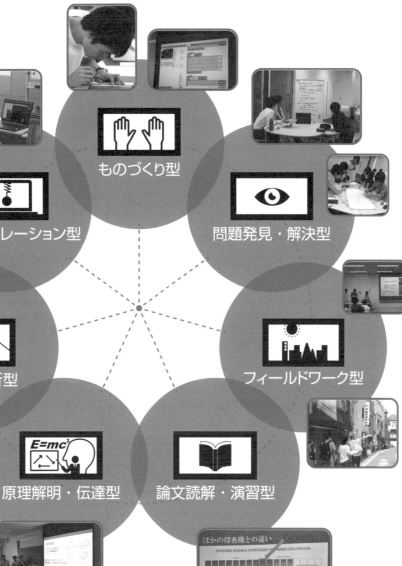

ものづくり型

問題発見・解決型

現象シミュレーション型

フィールドワーク型

データ解析型

原理解明・伝達型

論文読解・演習型

問題発見・解決型

　「問題発見・解決型」の授業は，初年次ゼミナールの基本形です．

　特に，答えのない問いに対する課題設定と解決を体験することで，批判的思考能力を鍛えます．グループワークの作法や研究成果の共有プロセスについてもじっくり学びます．

文献（情報）検索

　おおまかなテーマが与えられた上で，取り組むべき研究課題の絞り込みや，先行研究・データ・解決方法を検索する方法を学びます．

講義
・宿題へのフィードバック
・本日の作業課題
・背景知識説明

個人作業
・課題への取り組み

グループワーク
・ブレインストーミング

共有
・グループワークによる
　結果を簡単に発表

このパターンを2回

次回までの宿題説明

問題発見・解決型授業の構成例

グループワーク

　グループワークの成功のためにはまず，「メンバーがどのようにこのグループワークに取り組むべきか」というグランド・ルールの設定とアイスブレイクが重要な鍵となります．学生のモチベーションを高めるため，教員はグループ編成やアイスブレイクの仕方に工夫を凝らしています．また，一コマの授業時間の中で時間を区切って**講義**，**グループワーク**，**発表とフィードバック**，**個人作業**などを切り替えることにより，緊張感を持って作業を続けられるようにしています．

「問題発見・解決型」授業の主要な構成要素

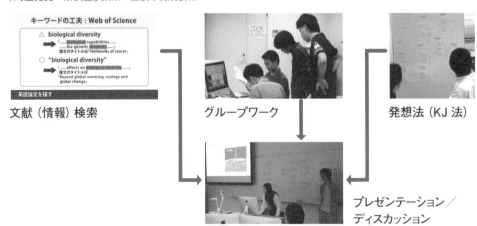

文献（情報）検索　　　　　　　グループワーク　　　　　　　発想法（KJ法）

プレゼンテーション／
ディスカッション

発想法

アイデアを生み出し，可視化してグループで共有する方法を身につけます．事象の分析のみならず，関心のあるトピックにもとづいてグループ分けをしたり，研究計画やレポートの構成を検討したりする際にも役に立ちます．付箋と，ホワイトボードや模造紙を小道具として使いますが，概念化カードやブレインストーミング用のソフトウェアを用いる場合もあります．

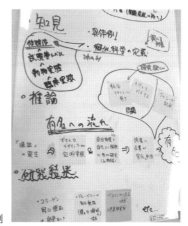

調査・発表計画をまとめた例

プレゼンテーション／ディスカッション

人に伝わるようにプレゼンテーションを構成することは容易なことではありません．プレゼンテーションのしかたの基礎に関する講義のみならず，TA が手本のプレゼンテーションを示すことにより，学生は自分の近い将来を想像しながら，切実感を持って学びます．前年度の受講生の成果物も見本として利用できます．

プレゼンテーションの作成は授業時間外の宿題としてのみならず，授業時間内にも十分な時間をとり，教員や TA と相談しながら進められます．

リハーサルの回を事前に設けて，発表やディスカッションの際に注意すべきポイントを指摘した上でプレゼンテーション本番に望むようにした授業もあります．一度で満足のいく発表を行うのは難しいようです．相互評価をさせ，最優秀発表班に賞を出した教員もいました．

ディスカッションは学生が声をあげるのを待っているだけでは進みにくいものです．必ず質問をする「担当の班」を指名しておき，質問の準備をさせる授業も見られました．

本書で紹介する以外の問題発見・解決型の授業例

「持続可能な社会を考える」「森林資源の活用の可能性について考える」
「未来のエネルギーを考える」「通説の真偽をさぐる」
「社会問題解決策のデザイン：社会技術とイノベーション」

論文読解・演習型

　他の授業パターンでは，基礎知識がほとんどない中，短い期間で作品を作ったり，研究結果をまとめたりしなければならないため，もととなる文献を読み込む時間を十分に取れない場合が多くなります．しかし研究を行う上で，多くの論文を読みこなしていくことは必須であり，大学の専門課程では，研究室のゼミナールなどで論文を読んで紹介することが求められます．**魅力ある課題を解決した優れた論文を読むことは，研究者が行った科学的思考のプロセスを知る上で非常に有用**です．

　論文読解型の授業では，科学論文をゼミナール形式で読み解いていきます．演習型の授業では，例題にグループで取り組むことで，その分野での学習や研究に不可欠な基礎的スキルを身につけます．

課題論文の背景知識を学ぶ

　初学者が学術的な知識を身につけようとする時，まず壁となるのは語学の問題です．ほぼ全ての国際的な科学論文は英語で書かれているからです．さらに，専門用語とその学問的バックグラウンドに関する知識が必要です．教員は最小限の講義の後，課題論文を理解するのにキーとなるトピックを複数ピックアップし，それぞれのグループに課題として割り当てて調べさせます．そして，学生は学習成果を互いに発表することでクラス内での協同学習をすすめます．

　論文の内容がコンパクトにまとめられた要旨（Abstract）を読んで研究内容の概要をつかむのも，論文読解のよいトレーニングになります．学習が進むと，教員は論文内の図表をグループごとに割り当てて読解させ，何を意味しているか解説させるなどして，より深い理解を目指します．

教員の用意した図を用い，実験手法の基本的知識を他のグループに説明する

関心を広げる

　課題論文を読解する，あるいは演習問題に取り組んで終わりではなく，そこから派生して関連論文やデータを調べて問題意識を深め，その研究の今後の展望について考察します．

　座学だけでは臨場感を持って研究の現場を感じにくいので，実験機材を教室に持ち込んで手に取らせたり，研究施設を訪問したり，研究生活の様子やキャリアパスについて学生に話したりといった活動も見られました．

基礎知識の講義

背景知識や読解担当部分をグループに割り当て

グループワーク（授業内，宿題）
　・検索，読解

共有

繰り返し

プレゼンテーション

論文読解型授業 第3〜13回の構成例

結果の共有

　論文読解型や演習型の場合も，学習成果をプレゼンテーションやレポートにまとめて共有します．司会や質問を担当する班を決めて議論を活性化したり，プレゼンテーションの際に留意すべきポイントについて相互評価して順位をつけたりといった工夫で，参加意欲を高めています．

限られた時間内で論文の内容を紹介するポスターを完成させ，プレゼンテーションを行う

本書で紹介する以外の論文読解・演習型の授業例

「歴史に残る物理学実験」「ナノマイクロスケールで動く機械を理解する」「化学のブレークスルーに学ぶ」「遺伝子組み換え食品の現在・過去・未来」「ネットワーク思考による社会システム分析入門」「ミクロの生命現象を可視化する」

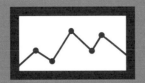

データ解析型

　研究のプロセスを実際に進める際には，多くの分野では実験などを通じて定量データを自ら取得して分析し，仮説の検証を行うことが中心的な作業となります．データ解析型授業ではデータ取得の技法を身につけ，生データのうち何をどのように分析して研究結果としてまとめるか，実践を通して身につけます．

事例を通して，仮説の立て方を学ぶ

　仮説の立て方や，それを検証するための実験計画の立て方について，先行研究や見本となる事例を通して，具体的なイメージを体得していきます．教員は親しみやすく，かつ初学者でも簡単に説明変数が想定できるデモンストレーション用の実験系を準備し，学生は仮説を立てて検証するという体験をします．

「手押し相撲」のような身近な題材を用いて，「強い人にはどのような特徴があるのか」などの仮説を立て，それを検証するにはどのようなデータを取ればよいかをブレインストーミングする

データ測定の面白さと難しさを知る

　授業内で利用できる実験機材やデータソースは限られたものになりますが，使い方によっては興味深いデータと結論を得ることができることをさまざまな先行事例から学びます．しかし，いざ実験に取りかかっても思うようにデータが得られないことが多いものです．限られた時間の中，試行錯誤をしながら，有効なデータが取れるように工夫を続けます．

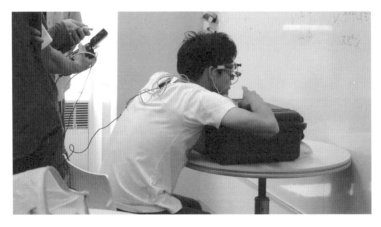

アイマークレコーダー使用には，まず測定基準位置の調整に手間と時間が取られる

何を解明したいのか，
そのためにデータのうち何を指標として抽出するか

　利用できる実験や調査の手段をもとに，授業期間内で検証可能な，検討する価値のある研究課題を設定します．測定のための実験機材を自分たちで作成しなければならない場合もあります．

　得られたデータはそのままでは単なる数字に過ぎないことが多いので，仮説を検証するのにはそのうちどこに着目すればよいのか考えて，データの整形や分析に取り組みます．「データから何が明らかになったのか？」「その結果を支持するにはさらにどのような研究が必要か？」「予想と異なる結果が出た場合，その要因は何か？」「改善が必要な場合，そのポイントは？」など，データに基づいた考察を進めていきます．データの整理やグラフ描画，統計分析のためにコンピュータ活用のスキルを身につけることも必要になるでしょう．

講義
 ・データ解析例の紹介
グループワーク
 ・テーマ選定
 ・仮説を立てる
 ・試行的データ取得
 ・変数の決定，分析
 ・仮説の見直し
 ・本実験，データ取得
 ・分析

プレゼンテーション
レポート執筆

データ解析型授業 第3〜13回の構成例

結果の共有

　一連の研究の結果何が分かったのか，目的・方法・結果・考察を明確にして，プレゼンテーションやレポートにまとめて共有します．理論の補強のために改めて文献検索が必要になる場合もあり，参照した際には適切な形式で引用します．これから大学で経験する実験や実習で行うプロセスに必要なスキルを，じっくりと身につけます．

本書で紹介する以外のデータ解析型の授業例

「生物を観る・測る分析化学」「月を見よう：月探査衛星『かぐや』データの解析」「身近な二酸化炭素濃度の変動を考える」「体験で学ぶ電磁気学」「データ解析により予測する 2050 年の世界の鉄鋼産業」「Seeing the world through sensors, objective measurements and subjective understanding」「地震・火山の分布と地形・地質情報から見る日本列島の姿」「スポーツや音楽演奏のスキルと熟達化について考える」

ものづくり型

「ものづくり型」は問題発見・解決型の発展形であり，新たな作品を生み出したり，あるいは製作プランを立ててそれを成果物としたりする授業形態です．プログラミングの作品も含みます．工学系の授業で多く見られます．

基礎知識のインプット

それぞれの分野の専門的知識に基づいた作品を製作していくので，前半数回の授業時間が，前提となる基礎知識や作製技術の講義・演習，もしくはグループ学習にあてられます．身につけるべき内容を幾つかに分けて割り当て，各グループで学んできた内容を，講義形式でクラスメートに教えるという方法も取られます．

基礎知識とスキルの講義
・検索
・グループ学習共有

取り組みテーマの例示
・中間発表

前半授業

グループのテーマ決定
作品製作

後半授業

プレゼンテーション
コンペ

最終授業

ものづくり授業 第3～13回の構成例

方向性の示唆と概念の明確化のためのブレインストーミング

TA による最終課題例の解説

いきなり「グループごとに作品を作ってください」と言っても何を作ったらよいか分かりません．そのため，作品課題例とそのポイントをいくつか提示します．

また，作品で何を実現したいのか，概念を明確にしておくことも，アイデア実装の前段階として重要です．ここでもグループでのブレインストーミングが有効です．

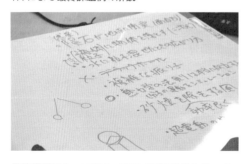

最終課題のテーマについてアイデアを出していく

作製技術の習得

　作製したいもののアイデアを作品に実装するにはさまざまな知識が必要です．それらをすべて授業時間内にレクチャーすることは非現実的な上，学習上も望ましくありません．製作過程で突き当たるであろう疑問点に対して，教員は「どこに行けば必要な情報が得られるか」のヒントを一覧化して示し，学生は自ら探索します．

　製作やプログラミングに慣れるための演習の時間もとります．

作品製作

　グループの中で方向性がまとまらないとき，何らかの評価基準を軸に優先順位を決め，とりあえず作製を始めるようにアドバイスします．最初から構想がうまく実現化することはあまりありません．むしろ失敗から次の仮説を立てて，次の設計に活かしていくという学びを目指しています．

試作での失敗を最大の学びに．現実ラインを見極めるスキルを高めていく

　自由でダイナミックなアイデアが，必ずしも実現可能性が高いとは限りません．学生たちは，自分たちで設計した第 1 案の試作で失敗し，その振り返りを通して課題に気付いたからこそ，第 2 案では現実的な落としどころを意識した再設計を実施します．自分たちの力で，作製→評価→再設計の PDCA サイクルをまわしていました．

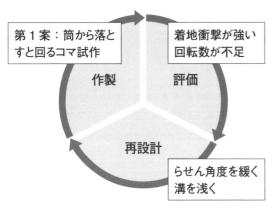

「体験的ものづくり学：3D プリンタによるコマづくり」より　　　試作結果から，角度と溝を再設計

本書で紹介する以外のものづくり型の授業例

「オペレーションズ・リサーチ入門」「見て，触って，作って学ぶ幾何学」「インタラクションデザイン」「社会シミュレーション入門」「ペットボトルと紙ではじめるエアロスペースエンジニアリング入門」

フィールドワーク型

「フィールドワーク型」の授業はこれまで紹介した授業タイプの様々な要素を含んでいます. 統制された実験状況下でデータを得るのではなく, 現場に出て「何が問題設定の対象となりうるか」「必要なデータはどこに行けば得られるか」といったことも含め, 自分の足で歩きながら模索します. 体験する豊富な情報の中で何に着目するか, テーマにしたがって取捨選択していきます.

多様な視点を得るフィールドワーク

フィールドワークでは観察や実測, 資料収集によってデータを集め, 価値ある情報を漏らさないように正確かつ詳細に記録します. とはいえ, 関心を持つ分析対象によって必要な背景知識や得るべきデータは異なります.

授業の前半と後半で, 調査対象地や分析の観点を変えてフィールドワークを行った授業が多く見られました. 地理的な調査を行った授業では地図をベースに用いたプレゼンテーションが行われていました.

講義
・背景知識
・データ取得法
・グループ決め

グループワーク
・準備作業
・フィールドワーク
・ポスター作成
・発表
・ディスカッション

プレゼンテーション

テーマ1・テーマ2

フィールドワーク型授業 第3〜13回の構成例

駒場キャンパスとその周辺地域の自然環境, 地勢, 新旧の建築物はフィールドワークのよい題材となる

フィールドワーク型の授業例

「生きもののにぎわいはなぜ大事なのか？：フィールドサイエンスから考える生物多様性」「東京の街を歩き, その空間について考える」「自然環境のサーベイランス：地理空間的センスと歴史的視座をみがく」「建築と人間の活動空間学習ゼミナール」「コミュニティの健康と医療」

現象シミュレーション型

　「現象シミュレーション型」の授業は，自然科学の理解のためには実験と理論に加えてシミュレーションがあることを学び，計算機を用いたシミュレーションの手法を習得します．物理や数学の問題を定式化し計算機で解くことを通じて，定理や自然法則の意味を深く理解することも目指します．

シミュレーションで根拠をもって主張できるように

　単にプログラミング言語を学ぶだけではなく，プログラミングではどんなことが行われているか原理を学びます．自然科学の現象を説明する際に，シミュレーションによってしっかり根拠をもって主張できるようになることを目指します．シミュレーションの適用範囲とその限界，精度などについても認識を深めます．

3 週
・自己紹介とガイダンス

4 ～ 7 週
・プログラミングの原理を学ぶ
　プログラミングでの精度の理解
　3 人 1 組で毎回班員を変えながら
　プログラミングを学ぶ

8 ～ 12 週
・自由課題
　自然現象をプログラミングによる
　数値計算・シミュレーション
　4 人 1 組で数値計算・シミュレー
　ションの課題に取り組む

13 週
・最終発表と質疑応答

現象シミュレーション型授業
第 3 ～ 13 回の構成例

非線形方程式の解法
アルゴリズムの原理・収束原理の理解
アルゴリズムの実装と精度確認
実行結果のグラフ化
計算速度と計算精度に関するコンテスト
微分方程式の解法

自由課題の例
スイングバイを利用して，なるべく低い初速度で第 2・3 宇宙速度を越える打ち上げ衛星の条件
3 体問題：太陽，地球と月の振る舞い
粘性抵抗があるバネの振動系
現実的な運動に近いブランコの運動モデル

実践例
gnuplot を用いたローレンツアトラクターの描画
テイラー展開の精度を多項式の次数を変更し確認
無限ループでゼータ関数を評価
酵素反応，細胞周期（サイクリン）のシミュレーション

本書で紹介する以外の現象シミュレーション型の授業例

「計算科学入門」「計算機の中での分子設計」「生体系シミュレーション」「数値計算法とその数理」

原理解明・伝達型

　「原理解明・伝達型」の授業は，例えば数学の定理のような本質の理解を必要とするものに取り組みます．学問分野によっては最先端で取り上げられている概念を理解することが研究者であっても難しい場合があります．例えば高等数学や相対論などに見られます．グループ分けによる協調学習を通じ，問題発見と解決手法の基礎を学ぶだけにとどまらず，科学者の思考過程そのものを理解し，科学研究に必須の論理的思考能力を鍛えます．

高度な概念の理解に取り組み，他者へ説明する経験を

　原理解明・伝達型の授業では，学生がある学問テーマをできるかぎり深く理解し，他者に伝達する体験をすることを目的としています．グループワークで深く議論してプレゼンテーションを準備し，さらに他者からのフィードバックからの改善を何度も行うピア・レビューを体験します．それによって調べる能力，他者とのコミュニケーション能力，プレゼンテーション能力を伸ばします．

　取り組んだ成果をもとに模擬授業を行ったり，レポートにまとめて提出したりします．

テーマの例
デデキントの切断，ε-δ論法，相対論の背景，ローレンツ変換，速度合成，時間の伸び，ローレンツ収縮，$E = mc^2$の導出と解釈，重力波の検出と測定，重力レンズ，ブラックホール

3 週
・解析学の講義とアンケート
　アンケートで数学の理解度を調査しグループ分けの参考に

4 週
・検索実習
　数学で利用されるデータベースに触れる

5 ～ 6 週
・グループワークと発表 (i)
　個々で調べた解析学の知識について 議論し理解を深め，模擬授業を行う（1 人 20 分）

7 ～ 10 週
・グループワークと発表 (ii)
　授業に対する批評をもとに，再度理想の授業を考え，模擬授業を行う

11 ～ 13 週
・グループワークと発表 (iii)
　フィードバックによって改善された模擬授業を行う

原理解明・伝達型授業
第 3 ～ 13 回の構成例

本書で紹介する以外の原理解明・伝達型の授業例

「解析学の基礎」「相対論について考える」

問題発見・解決型

論文読解・演習型

データ解析型

ものづくり型

フィールドワーク型

・教員や学生のスライドの一部は，著作権や可読性などの関係により変更しています．
・アイスブレイク，ブレインストーミング，KJ 法，といったグループワークの技法について
　は，「基礎編9　グループワーク」を参照してください．
・「実践編」で紹介する授業は，一部タイトルを改変しているものがあります．実際に開講
　された授業名の一覧を実践編の末尾に掲載しています．

問題発見・解決型

Keywords

医学／老年医学

老化, 超高齢社会, 認知症
アルツハイマー病, アンチエイジング

老化のメカニズムに迫る
── アンチエイジングは可能か？

本授業のテーマ

現在, 日本は世界最長寿国のひとつです. 人口の 4 人に 1 人が 65 歳以上となり, しかも 75 歳以上の後期高齢者が著しく増加するという, かつてどの国も経験しなかった超高齢社会を迎えています.

人口高齢化の影響は単に医療・介護領域にとどまらず, 経済・産業・文化の広い領域で相互に関連する複雑な課題を提起しています. この課題にどう対応するのか, 世界が我が国に注目しています.

高齢者の健康問題や社会の超高齢化にともなう複雑な課題を解決するためには, 細胞レベル (エイジングのバイオロジー) から臓器・個体レベル (認知症, 筋肉量の減少を主症状とするサルコペニアなどの老年疾患の先端的治療法開発), 集団レベル (地域包括ケア体制の確立) にわたる多面的なアプローチが必要になります.

この授業では, 老化に関わる諸問題に関するトピックスを幅広い視野で扱います. ヒトは年をとるとどうなるのか？ ヒトはなぜ老化するのか？ 細胞の老化と個体の老化, 老年疾患との関連は？ 高齢者の生活をどう支えるか？ などの疑問・課題を解決するための道筋について探索します. そのうえで, グループごとに老化・高齢社会の具体的課題を掘り下げたリサーチクエスチョンを検証するための「研究計画書」を作成します.

超高齢社会における多面的課題		
老化とは？ なぜ老いる？	加齢にともなう体と心の変化は？ 老年疾患のマネジメントは？	超高齢社会を 支えるためには？

老化と超高齢社会

分子レベル 細胞レベル	組織レベル 臓器レベル	個体レベル	地域レベル 社会レベル
分子生物学 細胞生物学	疾患動物モデル 患者指向研究	医工連携 展開研究	疫学研究 大規模臨床試験

教員の思い

一口に「高齢化」といっても, からだの老化, 脳の老化から, 社会システム, 関連する諸問題は多岐にわたります. 科学的アプローチにおいては, 抽象的で漠然とした対象を扱うことは困難で「問題設定や仮説を明確に定め, いかに検証可能な科学的な問いとして設定できるか」が重要です. 誰かの真似ではない自らの問題意識や感性を大切にした独自性の高いリサーチクエスチョンを立て, それらを解決するための具体的な研究方法を設計できるようになってほしいと考えています.

江頭 正人　教授
医学系研究科
医学教育国際研究センター

老年医学，内科学，血管生物学，医学教育学．血管からみた老化の仕
組みや高齢者に多い病気の研究をすすめています．老化制御の方法
の開発により健康長寿社会の実現に資することが目標です．

全体構成

1	ガイダンス	
2	共通授業	
3	講義 研究への基本的姿勢 長寿社会の光と影 「老化のメカニズムに迫る」 の狙い	
4	グループワーク① ・超高齢社会の課題選定 ・課題掘り下げ ・資料探索	
5		
6	背景プレゼンテーション	
7		
8	プレゼンテーションの準備	
9	グループワーク② ・最終プレゼンテーション （研究計画書）の準備 ・進捗状況の確認 ・ブラッシュアップ	
10		
11		
12	最終プレゼンテーション	
13		

研究を進めるにあたっての基本姿勢を提示
- 一次資料を確認する（情報収集）
- 批判的吟味（情報収集，データ解釈）
- 建設的コメント（グループワーク，ピアレビュー）

超高齢社会，老化の生物学についての話題提供
- データ：日本の将来推計人口，世界の高齢化率，男女の平均寿命，生活習慣病，老年疾患の増加，認知症社会，アルツハイマー病
- 老化への支援：ロボットスーツ HAL，BMI（Brain-machine Interface）によるリハビリテーションなど

- 右の4つの領域を提示
- テーマの背景調査のうえ，未解決課題を明確化するよう指摘

高齢者の生活を支える工学技術
- からだと老化：運動と老化，サルコペニア
- 脳の老化─認知症：予防・治療の可否，睡眠との関係は？
- 老化のメカニズムと制御：早老症，エネルギー制限と老化

プレゼンテーションフォーマット提示
テーマを段階的なリサーチクエスチョンに落とし込む
- タイトル
- テーマ，テーマ選定理由，調べた方法
  - クエスチョン1　例：カロリー制限とは？
  - クエスチョン2　例：カロリー制限で長生きする？
  - クエスチョン3　例：他の動物では？
  - クエスチョン4　例：そのメカニズムは？
- 現状のまとめ（事実のまとめ）
- 現状で解決していない課題
- 今後検証すべき具体的クエスチョン，検証方法

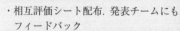

学生のテーマ例
- アルコールと脳血管性認知症の関係
- 長寿遺伝子（サーチュイン遺伝子）
- サルコペニアの第二の治療法（良質なタンパク質とビタミンD）

- 相互評価シート配布．発表チームにもフィードバック
- 自チーム以外からの建設的な質問，コメントを奨励
- 全チームが質問実施

授業の特徴

「独自性の高い問い」を導き出すまでのプロセスを丁寧に設計

大学での学びにおいて身につけるべきものは,「自ら問いを発見して解決する能力」です. 誰かの真似でなく, 自らの問題意識や感性を大切にして,「独自性(オリジナリティー)の高い問い」を立てられるかどうかによって, 科学者としての評価が決まります. とはいえ, 具体的にどうすればよいのかはわかりづらいものです. そこで, テーマ理解から課題選定, リサーチクエスチョン設定までのプロセスを, 個人作業とグループワークを組み合わせて取り組みました.

テーマ理解　　講義:話題提供

課題選定
領域提案:教員より資料提示
個人ワーク:調べてみたい課題をリストアップ
ディスカッション:
　　　　個人ワークによるアイデアから,
　　　　グループで取り組む課題を絞る

**背景
プレゼンテーション**
選定した課題と理由, 具体的クエスチョンと
調査結果, 今後検証すべき具体的クエスチョ
ン, 検証方法を発表する

選定された課題
ビタミンDとサルコペニア
サルコペニアと遺伝子
認知症のメカニズム
認知症を支える社会体制
老化とサーチュイン
老化と活性酸素
高齢者の生活を支える工学技術

専門知識がない中で具体的な研究計画を立案するためのサジェスチョン

大学に入学したばかりで専門知識がない中での「研究計画」の作成ですが, できるだけ具体的かつ検証可能な課題を設定できるように指導しました. そのために, Google Scholar などを用いた文献検索方法を指導するとともに, 教員自ら毎回各グループの進捗確認を行い, 適宜参考となる資料や論文を提示しました. 実際の研究においては資金や設備などの制約も多いですが, 今回は学生からの自由な発想を促す意味でも,「理想的な」環境における研究の計画をたてることにしました.

他チームにも貢献し, 全体で最適な成果を上げる

最終プレゼンテーションに至るまでにも背景プレゼンテーションや進捗プレゼンテーションなど都度ミニプレゼンテーションの機会を設定しました. 他グループからの指摘や良いアイデアを受けて精度を高めていく過程を体感するためです.

また, プレゼンテーションは建設的な質疑応答があってこそ成果が高まります. そのため, 聴衆として求められる態度やふるまいも指導するとともに, 相互評価シートも配布し, 良い点の指摘や建設的な意見, 具体的な改善点の指摘ができるようにしました. 各グループの発表に対しては, 必ず他グループから1人は質問をするようにルール化し, 全員が当事者としてプレゼンテーションに臨みました. 相互評価シートは発表会終了後に各グループに配布し, 振り返りやその後のアクションに繋げました. 学生たちも「良い発表は良い質問を誘発する」ということを学んだようです.

筋量とビタミンDグループの例

進捗プレゼンテーション
「サルコペニアの治療として筋トレでなく, 良質なタンパク質からビタミンDを摂取する栄養療法を考えたい」

→

他グループからの指摘
「良質なタンパク質とは何か?」
「ビタミンDの解説がないと一般聴衆にはわかりにくいのでは?」

→

プレゼンテーション修正

背景
ではビタミンDは?
→筋肉に受容体があることが
　知られている
→しかし, 筋肉への効果や細かな値
　は未研究

成果物

認知症を予防したい

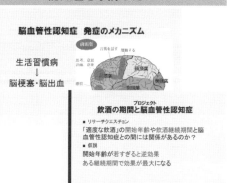

・認知症の20%を占める脳血管性認知症は生活習慣病と原因が重複
・運動と適度な飲酒が脳血管性認知症予防に有効という説．特に飲酒の期間と予防効果との関係を調べる
・仮説：飲酒開始が若すぎると逆効果，ある継続期間で効果最大となる
・実験：ラットの飲酒実験
　　高血圧モデルラットを使用
　　酒をラットの血管に注射
　　投与開始時期を変化させ，2週間に1回脳のMRI撮影を行い，血管が閉塞した時期を調べる

他グループの成果物

・WE CAN GET LONG LIFE！：長寿遺伝子について
・活性酸素の真実に迫る
・サルコペニアと遺伝子
・工学におけるアンチエイジング
・認知症患者も暮らしやすい社会を目指して

筋量とビタミンD

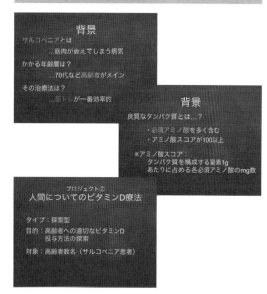

・高齢者に多いサルコペニア．筋トレが一番の治療法だが，現実的ではない
・第二の治療法として栄養療法（良質なタンパク質とビタミンD）を設計
・プロジェクト①：マウスにおけるビタミンD療法
　　動けないマウスモデル作成
　　6日間純ビタミンDを加えた食品を摂取させる
　　筋肉を取り，減少率測定
・プロジェクト②：人間についてのビタミンD療法
　　高齢者への適切なビタミンD投与方法の探索

授業を終えて

学生の感想

老化の実験とは最終的にヒトにどれだけ影響が現れるかを断定しなければならないと考えるが，ヒトでの実験は倫理的な観点からも難しく，更に標本数も被験者の年齢を考えると不安定であるため結果の信頼性は損なわれやすいと思う．発表を聴くと，このような問題に直面しているグループが多く見られており，実験の難しさがよくわかった．

教員の感想

我が国における最大の課題といってもよい高齢化に対して，どのようなアプローチによる課題解決が考えられるのか，単に知識を深めるだけでなく，自由な発想でアイデアを出してもらうために「研究計画」の作成を最終的な授業のゴールとしました．最初は戸惑っていたようですが，課題が具体化するにともない，取り組むべき作業が明確になり，最終的にはどのグループも当初の想定を超えた素晴らしいプレゼンテーションになったと感じています．

Keywords

工学／建築学
デザイン，空間，製作

2

建築の可能性

本授業のテーマ

建築物には，さまざまな隔たりを超えていける可能性があります．例えば，古い中世の教会を訪れ，その空間に感動したとします．そのとき，私たちは言語を超え，時代を超え，宗教を超え，その「空間」の持つ意味と力を理解して，感動をしたのだと思います．

つまり，空間とは，人類に共通した言語のようなものだと言い表すことができるのではないでしょうか．空間によって，ある時代や，それを生み出した人の意思を，私たちに伝えているものなのだと思います．この授業では，空間が持つ力を理解し，それを生み出すためのトレーニングを行います．

授業は前半と後半に分かれています．前半では，光をテーマに自分なりの空間を製作し，建築的な思考プロセスを学び，デザイン演習を通して，イメージを形にする力を養います．なお，この前半の期間に模型製作の方法などを習得します．

後半では，実際の敷地が設定され，その場所に適した空間をいかに作るかに，各自で挑戦します．最終回は，自分が製作したものについてのプレゼンテーションを行い，教員や他の学生からの評価やフィードバックを受けるところまでを経験します．

この授業の目的

① 建築的な思考プロセスを学ぶ　② デザイン演習を通してイメージを形にする力を養う　③ 自身の作成したものに対してプレゼンテーションする力を養う

建築学の体系

構造 （材料工学，建築構法， 建築生産など）	**この授業で学ぶ分野** 計画・意匠 （建築計画， 建築デザイン， 建築史など）	環境 （空調，照明，給排水， 環境工学， 建築設備など）	法規 （建築基準法，消防法， 建築士法など）

（東京大学大学院工学系研究科建築学専攻紹介ウェブサイトを参考に作成）

教員の思い

◆ 建築学とはあらゆる領域にまたがった学問であり，社会との関わりも密接です．皆さんが普段何気なく過ごしたり眺めたりしている建築にも設計者の意図やその場所にある意味が込められています．建築や空間の意味やその成り立ちを考えることを通じて，建築学領域内に限らず，日々の暮らしや将来の学びにおいて新たな視点を得て欲しいと思います．

◆ この授業では，空間の構想に触れてもらいたいと考えています．他領域の学問とは少し違う，「空間を構想する」という建築学独特の作法を体感し，皆さんにとって有意義な気づきのきっかけを生み出したいと考えています．

川添 善行　准教授
生産技術研究所
建築設計学

1979 年神奈川県生まれ. 東京大学工学部建築学科卒業後, デルフト工科大学 (オランダ) 留学を経て, 建築家の内藤廣に師事. 2014 年より東京大学生産技術研究所准教授に就き川添研究室 (建築学専攻) を主宰. 工学博士.

全体構成

1	ガイダンス	
2	共通授業	
3	講義	建築の可能性についての講義
4	模型練習	切り妻屋根の住宅模型製作
5	光と空間①	1面操作で光の入り方を考える
6	光と空間②	2面操作で光の入り方を考える
7	光と空間③	自由な形で光の入り方を考える
8		
9		敷地見学 敷地で空間を考える
10	場所と空間	作業
11		
12		作業・カメラ撮影
13		プレゼンテーション

建築学の中で本授業の立ち位置と目標を明確にし, 建築デザインを考えるうえでの基本的な作法を指導. また, 建築について, 様々な事例の紹介を通して, 建築設計がどのように行われてきたかを解説し, 今後の建築のあり方を考えるきっかけをつくる講義を行う

製作スタート

スチレンボードを用いて家の模型作製. TA が用具 (カッター, スコヤ, 定規) の使い方, 面取りの方法の手本を示す

「光」を条件にした課題に取り組む

スチレンボードを用いて直方体の箱を作って, 天井から光を入れた風景を撮影. その後, 採光の意図をプレゼンテーション

検討パターン : 人の模型を入れる, アルミホイルで遮光

最終課題に向けて

「恋人たちの空間」というテーマで, どこの場所に・どのような空間を作るかを考える. 公園に行って, 「ここ」という場所を決め, なぜその場所にしたかを発表

【最終課題の内容】

課題 : 恋人たちの空間
敷地と規模 : 駒場公園
　敷地面積 : 100 m² 以内
　空間高さ : 9 m 以内
＊模型の縮尺は, 1/50 とする

プレゼンテーション

- 1 人 3 分で, 敷地の写真と模型の写真のスライドによってプレゼンテーションを行う
- イメージスケッチ等の持ち込みは自由とするが, 発表スライドには入れない

授業の特徴

製作, プレゼンテーション, 講評が基本的な授業のサイクル

授業で模型の作り方を一通り説明したら, 次の授業からは早速課題に取り組みます. 授業中は, 教員が講義をしたり指示をするよりも, 学生が自ら考え, デザインし, 製作することに時間を使います.

課題や諸注意の説明
(5分)

箱の作成. 試作品ができた学生は, 光の入り方を確認する (70分)

作品をカメラで撮影し, それを元にプレゼンテーション (20分)

教員は, 1人30秒, 全体に5〜10分程度の講評を行う (10分)

あえて最低限のインプット! 未知の課題に自由かつダイナミックに取り組む

最終課題を除くと, 課題には, 着手からプレゼンテーションまでを1〜2時間で取り組み, 最終課題までに3つの課題をこなします.「考える→形にする→発表をする→評価を受ける」という, 教員が学会などで実際に経験しているのと同じプロセスを, 小規模であっても何度も経験することが学生の積極的な学びや成長につながるからです.

課題1 1面操作

直方体の空間で, 光が入ってくるのは1面からのみ

課題2 2面操作

同じく直方体の空間に, 光が2面から入ってくる

課題3 形を問わない

空間の形も問わず, 光の入り方も問わない中で, 自分でテーマを設定して空間を設計する

最終課題 「恋人たちの空間」

「恋人たちの空間」という課題で,「空間」だけではなく, どのような「場所」を選ぶかという条件も加わった. 単純に「空間」の作り方だけを考えても,「恋人たちの空間」を自分なりに解釈する必要があり, よりチャレンジングなものになっている

課題3では, 初めて自由度が高い課題に取り組んだので, すぐには製作に取りかかれない学生が予想されました. そこで, 教員から以下のようなアドバイスをしました.

・何かを見て「真似をする」ことは悪いことではない. むしろ, 真似をしようと思ったものの「何に」共感したのかを考える

・100%共感することはおそらくないので, 完全に真似をするのではなく, それに対して自分が何かを追加すれば, それは「進化」したことになる

・主題を明確にすること

成果物

最終課題のプレゼンテーションは，普段とは違う場所で行う

建築設計者は，様々な場所で自身の作品についてのプレゼンテーションを行う機会が多く，大人数の中でのプレゼンテーションは設計を行ううえで必要なことである

いつもの教室とは異なる，大きな空間の新鮮さと緊張感の中でプレゼンテーションを行うことで，プレゼンテーションそのもののトレーニングにもなる

学生の作品：どの場所に，どんな建築物をつくるか

ここに！	こんな建築物を！

例1

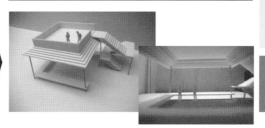

学生の意図
2階は屋根を設けず，木漏れ日を感じながら周囲の風景を楽しめるようにした

教員のコメント
「2階の開放感が伝わる外観にすると，もっと良かったのでは」

例2

学生の意図
広場にある「秘密基地」のイメージでつくった

教員のコメント
「いいアイデア．『恋人たちの』というテーマに答えられている．ただ，恋人たちは『下がっていく』よりも『上がっていく』方がイメージに近い？」

授業を終えて

学生の感想

・模型製作の練習という授業でしたが，自分で実際にひとつの家を組みたててみるという点で純粋に楽しさを感じたと共に，面取り等における自分の技術力の未熟さも痛感したので，今後より一層頑張らなくてはという気持ちになりました．

・ただ壁と天井がある構造が好きではなくて，公園と一体化したような構造を目指した結果，それが1990年代に存在した考えに似ているということを知り，驚愕した．確か「デコンストラクション」だった気がして，調べてみると確かに似ている．

・作業している最中にあれもやりたい，これもやりたいといった思いが次々と出てきて自分の理想を追い求めようとすると到底終わらなさそうだなと思いました．

TA の感想

この授業では，敷地の条件を汲み取り，アイデアを形にし，プレゼンテーションとしてアウトプットする，という建築を設計するにあたっての一連の流れを経験してもらいました．最初の授業では建築模型を製作するためのカッターの持ち方すら怪しい学生が，最後には模型材料で自分の考えた作品を形にしてくる姿に，成長を感じました．また，プレゼンテーションもはじめは30秒の発表に緊張していた様子でしたが，最終プレゼンテーションでは3分間で思いをうまくまとめることができていた学生が多くみられました．建築学は総合的学問です．今後の進路の如何を問わず，建築は生活に密接に関わってきます．多分野を学習する1年生のうちから，広い視野の中で，空間の捉え方を学ぶ機会になればと思います．（TA・青木佳子）

3

ものづくり型

Keywords
工学／加工学
力学, 設計, 生産, 3Dプリンタ,
剛体の力学, CAD

体験的ものづくり学
── 3Dプリンタによるコマづくり

本授業のテーマ

日本は「ものづくり」が重要と言われていますが,「ものづくり」とは何でしょうか? 自動車, パソコン, テレビ, 携帯……といった製品に加えて, ライト, センサー, タイヤ, レンズなどの部品や, 鋼, ウェハ, ガラス, プラスチックなどの素材を生み出すことも「ものづくり」です.

「ものづくり」は, 目標とする機能があり, それを満たす設計を行い, その設計に基づいて実際に作製し, 作られた製品を評価するという一連の流れで成り立っています.「ものづくり」はお互いが関連しており, 作製方法を知らなければ設計できませんし, 目標とする機能の設定もできません.

そこで, 本講義では「世界オンリーワンのコマ」の作製を通して「ものづくり」に関する総合的な知識を身につけます.「コマ」とは何なのか? 3Dプリンタでできることは? 最適な設計とは? などの答えを, 限られた情報から自分で考えます. ブレインストーミングから導きだされた答えを元に,「オリジナルなコマ」を提案, 設計し, 実際に3Dプリンタで作製します. 3Dプリンタは, 優れていますが万能ではありません. 試作, 振り返り, 再設計を繰り返すトライアンドエラーで「コマ」の完成を目指すことで, 一連の「ものづくり」を体験します.

ものづくりの一連の流れ	本授業では	授業で使用した3Dプリンタ
目標とする機能を満たす設計	講義(コマ, CAD, 3Dプリンタ) 設計(CAD, デザイン)	
設計に基づく作製	3Dプリンタ	
作られた製品を評価	コマ試験, コンテスト	

教員の思い

◆ 3Dデータから直接作製可能である3Dプリンタを使ってコマを作る. そう言うと一見簡単そうですが, そんなに一筋縄にはいきません. コマがなぜ立って回るのかという回転や剛体に関する力学を理解したうえで設計することが必要ですし, 3DCADを用いた設計にも十分な知識が必要で, さらに3Dプリンタも簡単に思い通りには動いてくれず思った以上に制約は多くなるためです. そのうえ, コマ作製のための十分な時間も取れません.

◆ そう考えると, 本講義でのコマ作製プロセスは, 限られた時間の中で, 新しい技術や知識が不十分な課題に立ち向かうことに他なりません. それは, 未来社会で求められる未知の課題にタイムラグを最小限に立ち向かう問題解決力に繋がります. グループによる自由でダイナミックな発想, 与えられた条件の中で最適なパフォーマンスを生むための取捨選択, 試作と結果を受けての再設計など, 一筋縄ではいかないからこそ感じられる「ものづくり」の楽しさを体感してほしいと思います.

三村 秀和　教授

先端科学技術研究センター　超精密製造科学分野

1ナノメートルの精度でミラーを作るための超精密加工法の開発を行っています．また，作製したミラーを用いて，原子や分子を詳しく分析するためのX線顕微鏡を開発しています．

高増 潔　東京大学名誉教授

大竹 豊　教授　同 精密工学専攻　形状処理工学

全体構成

1	ガイダンス
2	共通授業
3	講義：① 3D プリンタ，② 初年次ゼミのポリシー，議論の手法 自己紹介（教員，TA） 他己紹介（学生），アンケート
4	検索実習 講義：3DCAD
5	講義：コマの力学
6	グループワーク 　目標設定 　コマのアイデア出し
7	アイデア絞り込み コマ設計（第1案） プレゼンテーション
8	作製：3D プリンタ
9	（うち1日は補講）
10	振り返り 再設計（第2案） プレゼンテーション
11	作製：3D プリンタ
12	
13	コンテスト プレゼンテーション 講義：レポートの書き方
14	レポート提出

グループワーク前にゼミのポリシーを提示

・アクティブラーニングと，それに求められる素養を紹介
・グループ討論ができる人になる．そのための効果的な手法，態度を紹介

学生の特性を踏まえたグループ決め

・他己紹介：2人1組になって，相手の顔を描き，相手の他己紹介（名前，出身，昨日の夕飯）
・ブレインストーミング：「昨日の夕飯」を食べた理由とその分類，理由の数を競う
・アンケート：リーダー適性，ものづくりの経験，物理・数学の好き嫌いなど

実際に様々なコマを体験

コマの回し方・材料の分類，各国のコマ，特徴的なコマ，回転体（回転対称）でないコマの紹介

アイデア絞り込みの評価観点

・独創性（手法，環境，目的，組み合わせ，対象，考え方）
・意外性
・学問性
・実現可能性

絞り込みに苦労する学生への教員・TAの声かけ：
「とりあえず作ることは意識せず考えてみては」
「学問的におもしろいものか，作製方法がおもしろいのかを決めてみれば」
「シンプルなものでも，1つのパラメータを変えて比較するのも面白い」

実現可能性が低い案でも教員・TAは指摘せず．試作での気づきを待つ

試作ゴマの回転速度を測定

1回目の失敗を踏まえ，現実的な落としどころを決めて再設計．大幅な方針転換をするグループも

スライドフォーマット

・目的
・第1回作製の方針
・問題点，改善策
・第2回作製の方針
・結果・問題点
・今後の展望

グループでピアレビュー

授業の特徴

グループ分けからこだわったグループワーク設計

各グループ内の活気や雰囲気は，構成メンバーのパーソナリティで決まります．また，自然に任せると同じタイプの学生が集まります．そうすると多様なアイデアが出なくなります．そこで，明るい学生，よく話す学生，リーダータイプの学生，ものづくり好きの学生，計算好きの学生，など異なるタイプの学生を組み合わせるようにしました．前半の授業で行う「2人1組の他己紹介」「ブレインストーミング」「アンケート」で学生の特性を把握．教員・TAとの相談のうえ，最大限の効果を生むグループを検討しました．

講義は最低限＆教員からの提案なし！ 未知の課題にダイナミックに取り組ませる

事前に知識をつけると落としどころを見据えた固定化されたアイデアとなってしまいます．ダイナミックなアイデアと自由な発想が生まれるよう，あえて最低限のインプットのみでのアイデア出しを行いました．

変化の激しい現代では，未知の課題や新しい技術が次々と生まれますが，その対応に際し「よく知らない」とか「勉強してから」というのでは，置いてきぼりを食います．たとえ馴染みのない課題であっても，迅速に解決する機動力が求められるわけです．そこで，勉強してから応用するという高校までのスタイルから，実行しながら臨機応変に軌道修正するスタイルへの変化を起こさせる必要があると考えました．

最低限の講義
3Dプリンタ講義（30分） 3DCAD講義（105分） コマの講義（105分）

＋

自宅学習
コマ力学は，課題図書を提示のうえ自宅学習．3DCADも，フリーソフト「123D Design」を用いて自宅学習

時には「えいや」で前に進むことの重要性をアドバイス

各グループともコマのアイデアが拡散し，絞り込みに苦労しました．そこで教員・TAから「アイデアを二軸でマッピングし整理する方法」「評価項目を決めて各人が点数をつけて合計点で決める方法」などをアドバイス．えいやで前に進めることの重要性を指摘しました．

コマブレスト, 目標設定, 設計

筒を通して落とすと回るコマを作製したい

試作

3Dプリンタの稼働は時間がかかるため，土曜日に作業

・3Dプリンタでは筒の壁まで作製する時間がない
・着地衝撃が強すぎる
・コマ回転数と安定性が不足する

再設計

試作での失敗，発見した課題を基に実現可能なラインに落とし込む

・筒ではなくレールのみにすることで時間短縮
・着地衝撃を和らげるため，やすりがけ
・安定性を高めるため，レール台を作製

試作での失敗を最大の学びに

どのような機械でも使う前後で，イメージが全く変わります．作ったコマも試験をしてはじめて当初の構想の正しさがわかります．左のコマ作製のときは，1回目の作製で，3Dプリンタにおける作製時間と作製精度が理解でき，回転試験により筒の中をコマが動くときの摩擦抵抗の感覚がわかりました．2回目の作製では，両者の観点で設計を見直した結果，見事に落とすだけで回転するコマが作製できました．

成果物

重心の位置を変えられるパズルコマ

- コマの胴体の厚みを変えた時の回転の特性を調査するためのコマ
- さらに，3D プリンタの特性を活かし，部品を組み立てるときにパズルの要素を加える
- 軸に円盤を重ねる．円盤の枚数により重心を可変に
- コマの胴体の厚みを変化させて，重心の高さと回転時間の関係を調べる実験を実施
- 重心の高さと回転時間の明らかな相関を確認できた

卵形のコマ

- 湾曲した形をもつ卵形のコマを作製
- どのような形や重心位置のとき，立った状態で安定して回るかを調査
- 3D プリンタの特性を活かして，密度を変化させたり，中空にしたりして複数のコマを作製
- コマの力学理論も勉強して，形状の曲率中心と重心の関係を調査できた
- 3D プリンタでの中空形状の作製では，サポート材が入るなど難しかった

筒から落とすだけで回るコマ

- 誰でも回すことができることがコンセプト（たとえば小さな子供でも）
- コマだけでなく，コマの台も作る．筒の中で落とすだけで回る
- 溝の入ったコマ筒を，らせん状のレールに沿って落下すると回る
- 当初，着地衝撃が強く回らなかったので，らせんレールの角度を変えた複数の筒を作製して，回転特性を調査した
- 当初のコンセプトを達成して満足

回転しながら変形するコマ

- とにかく，回っているときに変形させたい．→回転中に形が変わる
- 回転数が減少すると遠心力が落ちてくるので，回転中に小さくなるコマを作る
- 羽根型とスライダクランク型の 2 つのコマを作製
- 3D プリンタで多数の部品を使って組み立てる
- 羽根型は工夫を加えて回転中に閉じ安定して回転した

授業を終えて

学生の感想

世の中で噂になっている 3D プリンタを実際に使用でき勉強になりました．また，実際に目的を決め，設計をして，ものをつくる大変さがわかりました．この授業では，アイディアを出す方法，議論をする方法，結論を出す方法など，わかりやすく教えてもらいました．特に，グループでのブレインストーミングで，斬新なコマのアイディアがどんどんでるということが驚きでした．まだまだ学問的な知識が乏しく満足できないこともあり，勉強をして知識を増やして，再度，このようなテーマに取り組みたいと思いました．

教員の感想

この授業では，「とにかくオリジナルなことを目指そう」を合言葉にしています．目標も課題もブレインストーミングの議論の中からグループで決めるので，コマができるまで，正直ハラハラします．今年も，まったく予想しなかった世界でオンリーワンのコマが誕生しました．各班とも，時には柔軟に，時には強引に，時には綿密に対応しており驚きの連続でした．本授業を通じて，「もの・づくり」を体験するとともに，「新しいこと」へのチャレンジの方法を学んで頂けたらと思います．

Keywords
情報科学／人工知能
機械学習, パターン認識, 強化学習
ニューラルネットワーク, 深層学習

ものづくり型 ×
論文読解型

4 機械学習入門

本授業のテーマ

人間と会話ができるロボット, プロ棋士に匹敵するレベルの将棋コンピュータ, クイズ番組でチャンピオンに勝利したコンピュータ, 自動走行が可能な車などの知的なコンピュータは, 機械学習とよばれる情報技術によって支えられています. 機械学習は, 大量のデータの中から機械が自動的にルール・パターンを見つけだし, 予測分析や作業の自動化を行うことができる情報科学技術です.

本授業では, 機械学習の基本概念の習得と, 簡単な機械学習アルゴリズムの実装を目標とします. 授業は, グループワークでの文献調査, 討論, アルゴリズム実装を行い, その結果を発表します. 機械学習を学ぶ上では, 学部教育で習得する基礎数学の知識が様々なところで必要になります. 本授業を通じて基礎数学を深く学ぶことの重要性も認識することができます.

2011 年 2 月米国のクイズ番組でコンピュータがクイズ王に勝利

2016 年 3 月著名なプロ囲碁棋士にコンピュータが勝利

数学
| ベクトル・行列 |
| 微分・積分 |
| 論理 | 最適化 |
| 確率・統計 |

実世界応用
| テキスト | 音声 | 画像 | 映像 | ロボット |
| 電子商取引 | 医療 | 生命 | 科学 | 宇宙 |

機械学習

コンピュータ
| プログラミング |
| ハードウェア |
| ネットワーク |

教員の思い

情報通信技術の飛躍的な発展に伴い, これまで人間にしかできなかった知的な情報処理が, コンピュータによって実現できるようになりつつあります. それを支えるのが機械学習であり, 「コンピュータはどこまで賢くなれるのか」を追求するこの学問は, 私たちの社会の在り方そのものを大きく変えています. この授業では, そんな最も発達のスピードの速い学問分野の 1 つである機械学習の基礎となる概念や代表的な手法・アイデア, およびそれらのアルゴリズムを理解できるようになることはもちろん, 自らが選んだテーマについて, 実データを用いて簡単な機械学習プログラムを作成できるようになることを目指します. 特に本授業では, 最初から最新の英語論文に触れることで「世界の最先端」を早い時期に身近に感じてもらいたいと考えています.

杉山 将 教授
大学院新領域創成科学研究科
複雑理工学専攻

機械学習やデータマイニングのアルゴリズム開発，その理論解析，およびその信号・画像処理，ロボット制御などへの応用研究に従事．

佐藤 一誠 教授
大学院情報理工学系
コンピュータ科学専攻

機械学習やデータ解析に関するアルゴリズム開発とその理論解析および自然言語処理，情報推薦，医用画像処理などへの応用研究に従事．

全体構成

1	ガイダンス
2	共通授業
3	グループワーク①
	文献検索： 機械学習に関する 英語文献の調査
4	
5	英語論文読解
6	
7	プレゼンテーション
8	グループワーク② 機械学習アルゴリズム実装
9	プログラミング実習
10	
11	
12	プレゼンテーション準備
13	プレゼンテーション

機械学習に関する英語文献調査
・8 グループによる調査
・*Nature, Science* などの最新論文に取り組む
・各グループごとに分担して英語論文を読み，概要をまとめる

発表テーマ
・強化学習
・深層学習（ニューラルネットワークの階層を深めたもの）
・ドローンと機械学習
・深層 Q ネットワーク
・深層学習と探索木による囲碁 AI（人工知能）
・自然言語処理
・機械学習
・ゲーム理論

アルゴリズムの評価方法や欠損値がある場合の処理など実用的なテーマも扱う

・学生のプログラミング実習は，この段階ではカリキュラム的に不十分であるため，プログラミングの知識がなくても機械学習アルゴリズムを適用できる AzureML による演習を行う
・また，多少のプログラミングにも慣れるために機械学習でよく用いられる言語である Python を用いた機械学習アルゴリズム実装の演習を行う

アルゴリズム実装
① グループごとに機械学習により行いたいテーマを決定
② データ収集と機械学習を用いた問題解決
③ 機械学習で学習した内容，方法，結果と考察をまとめる

授業の特徴

英語論文読解では，各グループが各概念のレクチャー担当に

機械学習の概念や手法を理解させる際に，教員からの一方向の講義は最小限にとどめました．8つのテーマに絞り，グループで1つのテーマを担当するように振り分け，英語論文を調査・読解し発表．学生自身が，他の学生に対して講師としての役割をはたしました．学生が発表準備をしていく中で注力したことは，教員が適宜グループをまわり，疑問点に対してヒントを与え，グループ内で疑問点を解決していく力を身につけさせることです．

機械学習班の例

Core Method を1つずつ紹介

Core Method は3種類
・教師あり学習
・教師なし学習
・強化学習
　(Reinforcement Learning)

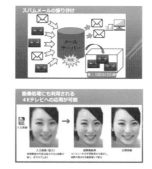

Core Method を使った例を紹介
教師あり学習→スパムメールの振り分け，
4K テレビの画像処理

最新の話題や今後の可能性と課題にも触れる
・機械学習に必要な訓練データの最低数とは？
・人やコンピュータ同士の協調性 など

成果物

気象データと降水の関係

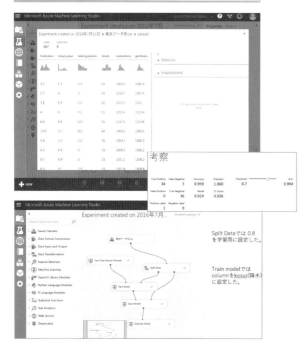

目的：雨が降るかどうかを他の気象データから推測できるか

データ収集：気象庁ホームページから収集した2015年度東京1年分の気象データ（日平均気温・日照時間・日平均蒸気圧・日平均湿度・日平均現地気圧・日平均海面気圧・日平均雲量・降水の有無）

学習方法：Azure Machine Learning（マイクロソフト社提供のプラットフォーム．Web ブラウザで機械学習のモデルを作成することができる）

結果：96% 近くの割合で当てることができている

学習させるデータを平均気温と湿度だけにすると正確性が低くなる

質疑，指摘
・データの分け方や，どのくらいの割合にするかなど苦労があったはず．そのあたりの情報もプレゼンテーション資料にあるとよかった
・天気は次の日のものを知りたいことが多い．そのため，特徴量は，前日のデータを使ったほうが良かったのではないか

機械学習による PC スペック比較, 価格予想

目的：ノート PC のスペック情報を学習させることで,スペックからノート PC の値段を予測できるようにする

データ収集：各種 PC スペックを「価格. com」のウェブサイトより収集（Python を使用して 1 時間で 1500 個）

学習方法：Azure Machine Learning

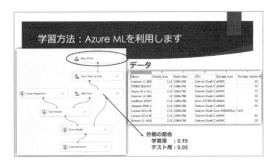

学習結果：データの個数を多くするほど誤差は減ったが,誤差が 2 万円ほど出る
自分の PC の値段予想もエラーとなった

考察：誤差を小さくするには,価格帯をある程度絞って多くのサンプルを取ったほうが良かったのではないか

質疑,指摘：誤差はデータを絞れば解消されるわけではない. 本当の値にノイズが乗っているため,ノイズの処理方法が課題となる

手描きの図を認識して整形してくれるソフトウェア

目的：手書きの図を整形してくれるソフトウェア開発のため,まずは手書きの四角と丸を識別するソフトウェアを作製する

データ収集：
・クラスのみんなに手書きで四角と丸を書いてもらい293 データを収集
・200 を訓練用,93 をテスト用に使用

結果：
・モデル 1：Softmax regression → 精度 70% 未満
・モデル 2：CNN（Convolutional Neural Network:画像解析で繁用されるニューラルネットアルゴリズム）→ 精度は 90% 以上に向上

> デモを実施. 手書きで描いた丸を正しく判定！

他グループの成果物

・AzureML を用いた車の評価予測
・クラスタリングを用いた生協メニューの分類
・プロ野球チームのホーム戦での観客予測
・「めざまし占い」×AzureML
・機械学習を用いた嘘発見システムの開発
・深層学習と多層パーセプトロンを用いた犬猫識別
・クラウドファンディングサイトのプロジェクトカテゴリの推定

コラム

機械学習は,対象とする現象を生じさせる原理が明示的な数理として記述できない場合でも,学習データを準備することで関連するパターンや規則を自動的に抽出することにより,問題解決を可能にします.
脳機能計測器と組み合わせることにより,身体を動かせない患者が脳波を利用して物を操作したり（Brain-machine Interface: BMI）,人が作業するには危険な場所でロボットによる作業を行わせるなど,人間の携わる職業のあり方を大きく変えていくと予想されています.

授業を終えて

学生の感想

どの論文も,専門用語ばかりで概要を理解するのさえ一苦労でした. しかし,先生からアドバイスをいただいたあとは,重要な部分に重点を置くことで効率よく読み進められたように思います. 想像していた以上に大変な作業でしたが,最先端の研究内容に触れることができ楽しいです. とはいえ,なんとなく論文の意味がわかっても,それを的確な表現を用いて分かりやすい日本語にして人に伝えるのが難しくて困っています.

教員の感想

最初は英語の論文を読むことに抵抗がありプログラミング自体も経験のない学生がほとんどでしたが,発表段階では論文紹介も機械学習による実習発表もそれぞれのグループが個性的な発表をするまでに至りました. 特に実習発表は我々も当初心配していましたが,毎週の授業のディスカッションで日に日に学生たちが成長していく過程を実感することができたので,非常に実りある授業であったと思います. この授業をきっかけに将来の人工知能研究を引っ張る人材が育つことを期待しています.

 ×

Keywords

理学／
コンピュータシミュレーション
Python, 数値計算, 微分方程式,
データ可視化, 3D アニメーション

5 数学・物理をプログラミングで考える

本授業のテーマ

コンピュータ（プログラミング）を使って，数学や物理の問題，実世界の問題を数学や物理の言葉で定式化した問題を解く方法を学びます．それを通して勉強の動機・意欲が高まることを期待します．具体的には，(1) プログラミングが何の役に立つかを実感でき，情報・プログラミングを意欲を持って学べるようになることを目指します．また物理の問題を解く場合，それをプログラムで解けるよう定式化する過程で，対象としている物理の理解があやふやではおぼつかないことに気づきます．そこで，(2) 物理を意欲を持って学べるようになり，物理法則の「凄さ」も実感できるようになることも本授業の目標です．

プログラミング言語 (Python)，数値計算，データ可視化，アニメーションなどの基本的な道具を学んだあとは，チームを作り，課題の設定，難易度の調整，課題の達成までをチームで議論しながら行います．

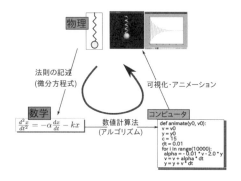

この授業の目的

▶ 実際の問題を数値計算で解く
　→プログラミングを学ぶ動機

▶ そのための数学や物理を学ぶ
　→数学・物理を学ぶ動機

▶ 解決のための，**自発的な勉強，試行錯誤**

教員の思い

◆ このゼミは，決められた特定の知識を深く習得することよりも，実世界に根ざした問題の解決に数学，物理，そしてコンピュータがどう役立つかを知ること，それを，教員から学生への一方的な講義ではなく，参加学生の間の議論や発表を通して，主体的に学ぶという，そのプロセスに主眼をおきます．重要なことは，「実世界の問題はほとんど常に難しい」ということです．学校で習ったことだけで直ちに答えが出ることはほとんど無く，それは大学の授業をマスターしたとしても同じことです．

◆ また実世界では，学校の勉強のように単元に分かれていて，ある問題がどの単元に出ているかによって取り出すべき法則や公式が想像できる，というようなこともありません．その状況で重要なことは何でしょうか？　個々の分野の基礎的な勉強をおろそかにしてはいけませんが，残念ながらそれだけだとなかなか実践的な，役に立つ，問題解決能力は身につきません．愚直ですが「基本に立ちかえって自分で考えられる」ことが大事だろうと思います．

◆ 同じ理由で，ある問題が自分一人であっさり解決，ということもあまりないので，他の人と知恵を出し合えることも重要です．他の人と議論するためには嫌でも「基本に立ちかえる」必要があります．「なぜそうするのか，なぜそのやり方でいいのか」という疑問に対して，「教科書のあそこに書いてあった公式だから」では，通用しません．議論を，自分が本当にどれくらいわかっているかがわかるきっかけにしてほしいと思います．

田浦 健次朗　教授
大学院情報理工学系研究科
電子情報学専攻

スーパーコンピュータやクラウドなどの分散・並列計算機を
用いて高性能な科学技術計算（物理シミュレーション）や大
規模データ処理を行うための，プログラミング言語やその基
礎となるソフトウェアを研究.

全体構成

1	ガイダンス	
2	共通授業	
3	イントロダクション 課題候補提示	
4	スキルに 関する 説明と 練習	プログラミング初歩
5		プログラミング基本
6		シミュレーションの 基本
7		プログラミング発展
8	問題解決に向けた議論 プログラミング作業	
9		
10		
11		
12	プレゼンテーション準備	
13	プレゼンテーション	

・「コンピュータが得意な計算」とはどのようなものか
・プログラミング言語の紹介と演習
・チームを結成し，チームで問題を解く，発展させる
・チームごとの発表を行う

プログラミングの基礎を段階的に習得

プログラミング初歩

変数と関数を使った簡単な計算
ができるようになる．また，グ
ラフィクスを用いて 3D の静止
画を表示できるようになる

プログラミング基本

ループ（繰り返し）を用いた計
算．繰り返しとグラフィクスを
組み合わせ，3D アニメーショ
ンを表示できるようになる．課
題例，昨年度の作品を提示

シミュレーションの基本

簡単な常微分方程式をプログラ
ムで解けるようになるリスト，
配列など数多くのデータを扱え
るようになる

プログラミング発展

リスト，配列を用いて偏微分方
程式を解く基本を学ぶ．各チー
ム，課題案を発表，発展形など
について議論

**最初はグループ内で解決できるが，問題を進めるうちに教員や
TA への相談も増えてくる**

最終課題

グループで自由に課題を設定し，
プログラミングで解く．最後に全
体で発表を行う

進捗共有のためのミニ発表
2 回に 1 回程度，最後にグループ
進捗や次週の予定について情報共
有し，互いにコメント

グループで取り組んだ課題の成果を発表
【各グループの課題】
・スーパーボールの挙動についての
　シミュレーション
・流体シミュレーション
・フーコーの振り子を動画表示
・天王星の運動から海王星の位置を決める
・分子シミュレーションで気体の状態方程式を表現する
・立方体に半径が一定の球を詰め込んで充填できるか

授業の特徴

学生同士はペアやグループで学び合うことを大切に

授業では，一通りのことを講義した後は，グループやグループ内でペアになって課題に取り組む場面をなるべく多くするようにしています．この際に重要なのは，グループのつくり方です．この授業では，プログラミングの上級者，数学・物理の得意な人が固まり過ぎないように配慮をして編成するように意識をしました．

グループができたら，授業中の課題について取り組むことはもちろんのこと，最終課題への取り組みなどは，グループの中で議論をしながら，毎回，次回までの宿題を学生たち自身で設定させるようにしました．調べる・考える・プログラムを作る，など，担当を決めて，チームとして1つの課題に臨む際の取り組み方の基本を学ぶ機会でもあるからです．また，それぞれの役割分担とその仕上がりによって次回の時間の使い方が決まります．すると，これを繰り返すうち，議論の時間の有効な使い方（授業中に皆で議論すべきことと，持ち帰って一人ひとりがじっくり考えることの区別など）も身についてきます．

TAや教員は質問に答えるだけではなく，グループの議論を聞いて，必要な場合は介入し，適宜アドバイス

| 授業の参考資料，課題をウェブページで配布 | → | プログラミング言語Pythonの基本文法を講義 | → | Jupyter Notebook ソフトを用い，画面共有をしつつペアでプログラミングの演習 | → | 班ごとに異なるプログラミング演習課題に取り組み，解いた問題を説明 |

教員は「インデキシング」を心がける

「教員としては，学生になるべく短い時間で高い達成感を味わってもらいたい，そのために必要なことをあらかじめたくさん教えておきたい」という衝動を抑えるのは大変です．しかし我が身を振り返っても身についているのはほとんどは，自分で手探りしながら，自分のペースで学んだ内容です．

そのため多くのことは「こういう方法がある，こういうツールがある」ということだけを知らせ（インデキシングし）て，あとは自分で必要な情報にたどり着かせるように心がけています．教員が講義を行うときは，学ぶ項目が多くなったところを整理・俯瞰し，概念としてすっと学生の頭に定着させる目的に集中します．ただしこれは，初年次ゼミナールのように，うまくたどりつけなかった人をきめ細かにフォローできる体制があってこそ実施できることだと思います．

「課題を決めること」が，実は最も重要な課題．ここは丁寧にサポート

学生が自らの関心に基づいて課題を設定して取り組む際に重要なのは，その課題が適切なものかどうか．つまり，取組みの一番最初の段階です．ここであまりにも野心的な課題や曖昧な課題を設定してしまうと，その後の活動の進捗や質に大きく影響します．ただ，学生は課題設定の「適切な加減」が十分には把握できていないことがほとんどです．ですので，各グループが課題を決める議論には，教員やTAは積極的な支援を行いました．また，課題を決めるまでにステップを踏むようにし，一度，議論の進捗を中間発表させて，その場でもフィードバックを行いました．

「課題を決めることが一番の課題．ここは時間をかけて慎重に話し合おう」というTAの声がけがあり，話し合いも活発になり，教員やTAのアドバイスに学生も真剣に耳を傾ける

成果物

スーパーボールの挙動についてのシミュレーション

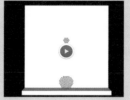

スーパーボールを，バネにつながれた多数の点の集まりとみなしてシミュレーションを行った．衝突によってバネが縮み，反発力が生まれる．2つのボールがくっついたまま地面にぶつかると上のボールだけが高く跳びはねるという現象を再現

気体の状態方程式の分子シミュレーション

気体は分子が多数飛び回って出来ている．気体の圧力は，分子が壁にぶつかることによって生じる力である．それに基づき，多数の粒子の動きをシミュレートし，壁にぶつかった回数などを計算することで圧力を導き，物理で習う気体の状態方程式 $PV = nRT$（P：圧力，V：体積，n：モル数，R：気体定数，T：温度）をシミュレートする

最密充填

分子間力によってひかれあう多数の分子をシミュレーションし，やがてそれが結晶となる過程を再現する

流体シミュレーション

水の流れと水が壁などに遮られてできる渦をシミュレーションして可視化．断面を 30×30 の格子に分けて，流体の動きを記述する方程式（ナビエ－ストークスの方程式）を差分法という方法で解いた

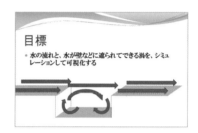

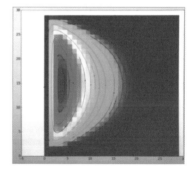

授業を終えて

学生の感想

初回授業を終えて：
プログラミングは全く初めてなのでやや不安ですが，今日取り組んでみて少しだけ感覚がつかめた気がします．数学・物理も発展的なことを学んでいきたいです．

最終回授業を終えて（同じ学生，一部抜粋）：
この授業を通して，全く未知であったプログラミングの世界に少しだけ足を踏み入れ，その奥深さを体験することができました．拙いながらも自分でプログラムを書き実行する過程は，とても大変で，でもそれ以上に楽しいものでした．

教員の感想

この授業では，共通の道具だけを紹介・練習した後はテーマ設定から軌道修正，発表までを自分たちでやってもらいました．現実の問題はすべて難しい複合問題であることを知る，設定した課題が手に負えない（すぐに解けるはずのない）場合は課題自身を調整する，など，受験勉強では経験しないが，社会や研究で重要なことを体験してほしいと思っているからです．一方そのようなやり方は，うまいテーマが設定できない，みな似たテーマに収束してしまうなど，不安もあります．ですが案ずるより産むが易し，参加した学生さんの積極性，創造力には頼もしさを感じ，大いに楽しむことができました．

6

ものづくり型

知能ロボット入門

本授業のテーマ

ロボットは, 人間・機械・情報を結ぶ知的なシステムです.

ロボットはコンピュータ単体とは違って, 自ら移動したり, ものを動かしたりすることができます. 知能ロボットを考える上では, 人間や, その他の生物の仕組みやふるまいがヒントになります.
また, ロボットは人間を超える速度やパワー, インターネット上の知識の利用など, 生物の限界にとらわれない潜在力をも持っています.

このゼミナールでは, 知能ロボットを構成する基本要素や, 知的なふるまいの作り方を学ぶため, マイコンモジュールM5Stackと各種センサ, バランスカーロボットキットを利用して実際にロボットを作ります.

ただし, M5Stack はあくまでロボット作りを助ける道具です. 授業の中では, 最新のロボット研究の成果にも触れ, 知能とは何か, 現代社会で必要とされるロボット・システムとは何かを議論します.

機械情報工学科で活躍するロボットたち

バナナの皮のむき方を観察して真似するロボット

教員の思い

◆ ロボティクスや人工知能の分野はまだまだ発展途上で, その定義自体がどんどん変容しています. そんな状況の中では, 不正確なウェブ記事や他人の言説をうのみにせず, 技術の現状を自分で調べ, 理解することが大事です. ゼミでは, 報道の元になった学術論文を見つけるという課題を出しています.
◆ ロボット製作には, プログラミングも機械設計も両方必要です. 実習を通して, やさしく使えるM5Stack を利用したとしても, 思い通りにロボットを動かすことや, 望みの機構を組み立てることは簡単ではないことが体験できます. そういった実践が, 工学的センスを身につけることにつながるよう願っています.

鳴海 拓志　准教授
大学院情報理工学系研究科
知能機械情報学専攻

バーチャルリアリティ研究者. バーチャ
ルリアリティ技術と認知科学・心理学の
知見を融合して, 人間の持つ感覚, 認知,
行動, 能力を拡張するための研究に取り
組んでいる.

中嶋 浩平　准教授
大学院情報理工学系研究科
知能機械情報学専攻

非線形力学が専門. タコのようなやわら
かいロボットの開発やそのための新しい
情報処理手法の開拓に取り組んでいる.

全体構成

1	ガイダンス	**ブレインストーミング体験**
2	共通授業	① ブレインストーミング体験「ビール瓶の用途を考える」 グループで出されたアイデアの数を競う. その後分類 ②「ロボットとして思いつくもの」 現実のロボットと架空のロボットを分けて挙げる ロボットの定義を考える上でのヒント
3	個別授業ガイダンス, 自己紹介 グループワーク	自己紹介, 自己アピールの後, 教員が質問「ロボットと言って思いつくものは？」
4	検索実習 ディスカッション	ロボットという言葉が誕生した歴史を解説した後, グループワークでロボットの定義を考える. 検索実習では, ロボット関連の専門用語について調べる
5	ディスカッション	知能についてのグループディスカッション. 知能と学力はどう違うのか, 知的でない行動は何があるか, などの問いかけ. 考察は, 後半で製作するロボットに与える知的な機能の候補になる
6 7	M5Stack チュートリアル	**マイコンモジュール「M5Stack」の使い方を学ぶ** 車輪で動く簡単なロボットの組み立てと, センサ入力に応じた動きのプログラミングで, まずはロボット作りの基礎を体験する 
8	AI Cameraチュートリアル	AI Cameraキットを活用して, カメラで撮影した画像から物体を検出するといった高度な画像処理を体験する
9	知能ロボット企画	前半で行った知能についての議論を下地に, M5Stackで作るロボットの案を各グループで企画する. どこが知的なのかを常に意識して, 技術的な制約にとらわれすぎず, 独自の工夫を盛り込むように改良のフィードバック
10 11	ロボット製作 プログラミング	ロボット製作は, グループの中で手分けして効率的に進める. 当初の企画がうまく実現できないこともあるので, 具体的な機構や, プログラミングで使える機能をアドバイス. 後半は, ロボットが実際に動き始めるので, 楽しくなってくる. 原則的に, グループ内での自主的な進行に任せる 
12	プレゼンテーション準備	オーディエンスに伝わることを意識してプレゼンテーション資料も作成する
13	プレゼンテーション, デモ	ロボットのデモンストレーションも重視. ただし, ロボットの完成度よりも製作上の哲学や実装の工夫点が伝わることを意識

授業の特徴

段階を追った質問でディスカッションにおける思考を深める

第5回授業前半の「ディスカッション」では,「知能とは何か」という未定義のことがらについて,段階を追って質問を投げかけ,グループディスカッションを重ねることで思考を深められるようにしました.

> 知能とは?
> 「知能と学力の違いとは?」
> 「知的でない行動や会話とは?」
> 「人間以外で知能を持っている動物は?」
> 知能といってもあいまいなので,いろいろな側面からのアプローチを促す質問を用意

グループディスカッション (10 分)

ディスカッションの間,教員・TA はグループを回るが,特に助言することはしない

発表

・ホワイトボードを使用して説明
・学生の発表に対してのコメントや質問,論理の飛躍の指摘など
「そう考えた理由は?」「知能を先天的能力と解釈すると,説明できないこともあるかもしれない」「触ると反応する植物は知的ではない?」

> 「ロボットが人間の仕事を代替することは可能か?」
> 「その理由は?」
> 例:作家,パイロット,弁護士,数学者,俳優

グループディスカッション (10 分)

発表

・「まず結論を言うこと.その後に理由を説明しよう」とアドバイス
・「ロボットはスポーツ選手になれない」という発表者は,スポーツの定義から説明.それに対して「説得力があった」と評価
・「パイロットは代替できる」という発表者に対して「ヘリコプターのパイロットなら? 人間らしい勘が必要な部分は?」

> 「知能を部分的に体現するロボットの例を挙げてください」
> 「どんな機能があれば知的に見えるだろうか?」

グループディスカッション (10 分)

・「無難なものだとおもしろくない.工夫を盛り込もう」
「こういうロボットがあったらという提案をしてほしい」と指示
・ディスカッションで出たアイデアをこれから製作するロボットにつなげる
・グループ間でアイデアが似ないように,全体発表はせず,ホワイトボードに書き込んだところで終了.ホワイトボードは写真に撮って記録
・振り返りシートは強制しない.メッセージがあれば書くように

> ディスカッション後,M5Stackの組み立てとプログラミング(40 分)

先端研究を紹介.ロボット・システムについての理解を進める

現代社会で必要とされるロボット・システムへの理解を深めるため,先端研究を紹介しました.また,ロボットコンテストのケーススタディを示すことで,ロボットと社会のつながりや,実際に動いているロボットのイメージをつかめるようにしました.論文検索の実習では,人工知能の新しい技術である Deep Learning(深層学習)を取り上げ,班ごとにキーワードを指定して該当する論文を探してもらいました.

実際にロボットを製作し，学問横断的な分野を学ぶ

知能ロボットの分野は，工学や情報処理，神経科学など学際的な研究内容が含まれており，ロボット製作を通してこれらの学問横断的な分野を学ぶことができます．学生たちはグループで役割分担しながら，工学の観点から問題を発見し，実際に製作をするなかで解決していきました．

といっても，単なる産業用ロボットを製作することを目指しているわけではありません．学生は，ディスカッションで討議した「知能ロボットとは何か？」「生き物らしさとは何か？」について考え，そのためにどんな機能が必要なのかを練り，試作，動きを検証，再度プログラミングの過程を繰り返しながら，ロボットを完成させました．

例えば，文字を書くロボットでは，動きと描線の関係は動かしてみないとわからないので，機構を改良するたびに動作も変えて試す必要があります．

5グループが製作したロボットは，食洗機を超える皿洗いロボット，目的のものをみつけて回収するロボット，ゴミ出しロボット，障害物を撤去して道を作るロボット，サッカーロボットです．

成果物

「知能とは何か」というテーマから，知能をどうとらえ，ロボットの機能にどう生かしたのかを発表し，ロボットを動かすデモンストレーションをしました．

皿洗いロボット

「自律してさまざまな状況に柔軟に対応できること」を知能と捉え，皿や汚れの種類を認識して行動を変化させるロボットを製作．皿を運ぶロボットと，汚れの量を認識して洗い方を変える皿洗いロボットが連携．

ゴミ出しロボット

「ルールに準じて行動しつつ，行動の影響を評価してルールを改訂すること」を知能と捉え，3種のスポンジの色を判別して色ごとに指定された場所に運んだあと戻ってくるロボットを製作．カメラの設置方法を工夫．

授業を終えて

教員・TA の感想

世の問いの多くは，答えがないもの，あるいは答えを自ら創っていかねばならないものばかりです．ここでは，こういった問いに対する有意義なアプローチが展開されており，大学での講義を受けるための非常によい準備となっています．学生の皆さんが，試行錯誤しながらも，最終的には独自の道を編み出していく様を見て，いつも感銘を受けています．（中嶋）

知能とは何か，それをロボットとしてどのように実装し表現できるか，という難しい問いに，楽しみながらも真摯に向き合って，全力で頭と手を動かしてもらえ

たと感じています．試行錯誤の中でさまざまな発想を巡らせて，アイデアを動くものとして形にしていく経験が，今後の活動の幅と質を高めることに役立っていくことを期待しています．（鳴海）

私にも思いつかないような柔軟な発想が多く，私自身も学びが多かったです．この柔軟な発想を大切にして，今後に活かしてほしいと思います．（TA福井）

授業を通して，学生たちが自分たちのアイデアを積極的に形にしていく姿勢に感心しました．最終発表で見せてくれたロボットは，それぞれ個性的で面白いものでした．（TA田中）

7

問題発見・解決型

Keywords

農学／生命科学
生物，タンパク質

私たちの身近にあるタンパク質を科学する

本授業のテーマ

私たちは，タンパク質を利用して生きています．まず，生体内で起こるほとんどすべての生命現象はタンパク質を必要としています．タンパク質は 20 種類のアミノ酸が連結した高分子なので，n 個のアミノ酸が結合したタンパク質の配列の種類は 20^n ありうることになります．この配列は，遺伝子情報，DNA の配列を反映して決められています．さまざまな配列を有したタンパク質は，それぞれ異なった機能を発揮します．例えば，物質輸送にかかわるタンパク質，貯蔵にかかわるタンパク質，運動に必要なタンパク質，生体構造を維持するタンパク質，生体防御にかかわるタンパク質，情報を伝えるタンパク質などが存在しています．これらが，適切に機能して初めて，生命が維持されています．一方，私たちは，これらのタンパク質を取り出し，食べることによって栄養素としたり，いろいろな産業応用をして，実生活に役立てているのです．

そこで本ゼミナールでは，私たちの身近にあるタンパク質の中から興味のあるものを選び，性質やその利用法を考えると同時に，その重要性を体験し，この経験をもとに，他の人たちにそのタンパク質の重要性を納得してもらうプレゼンテーションツールを作ることをゴールとします．

タンパク質 (= アミノ酸がいろいろな順番でペプチド結合により連結した高分子) のさまざまな働きと利用

━ 物質輸送
━ 貯蔵
━ 運動
━ 触媒
━ 生体構造の維持
━ 生体防御
━ 情報伝達… etc.

GFP
（緑色蛍光タンパク質）

Immunoglobulin
（免疫グロブリン）

Insulin Receptor
（ホルモン受容体）

食物

洗剤

衣料

教員の思い

タンパク質の性質（アミノ酸配列，分子量，等電点，高次構造など），機能の種類を知ることはもちろんですが，それらの理解を踏まえて，利用法を考え，他者に伝えるツール作成までを行うプロジェクト学習を実施しました．これは，「習う」という受動的な姿勢から，「学ぶ」という能動的な姿勢への転回であり，それを可能にする姿勢・考え方・技術を身につけさせたいと考えたためです．また，一般に，研究（リサーチ）を進めるためには，個人の勉強や調査だけではなく，教員や TA 等からのアドバイスを適切に反映させること，また他の人の意見を取り入れる協調性やその中で自分の意思を主張することなども重要です．これを体験してもらうために，多くの教員や TA，先輩などの力も借りています．そして，効果的なプロジェクト学習のゴールとして，学習成果を他人に深く伝えるツールを制作します．ゲーミフィケーション（ゲームを通じて知識を楽しく身に付けさせる工夫）を取り入れ，また優秀なツールは現実に事業化する途があることを示して，モチベーションと緊張感を高めています．

片岡 直行　准教授
大学院農学生命
科学研究科
応用動物科学専攻

高等真核生物における mRNA プロセシングと細胞内諸過程との連携，mRNA プロセシング異常による疾患の原因解明と治療法についての研究

高橋 伸一郎　教授
同 応用動物科学専攻／
応用生命化学専攻

動物の正常な発達や成長，代謝制御に関する研究

田中 智　教授
同 応用動物科学専攻

胎盤の幹細胞に関する研究

伏信 進矢　教授
同 応用生命工学専攻

酵素の構造と機能に関する研究

渡邊 壮一　准教授
同 水圏生物科学専攻

魚類の生物学と養殖技術に関する研究.

新井 博之　准教授
同 応用生命工学専攻

微生物の代謝に関する研究

全体構成

1	ガイダンス
2	共通授業
3	検索実習 講義： タンパク質とは何か？ 概論
4	個人ワーク： My protein のサーチ 発表：自己紹介
5	TA　研究紹介
6	グループワーク① 体験実習： タンパク質の性質を実験で体験し，結果を考察 プレゼンテーション
7	結果考察
8	文献検索 ツールで扱うタンパク質の決定 何を主張するツールを作成するかの議論
9	ツール例紹介 ツールの議論・決定
10	グループワーク② ツール制作 予備発表
11	
12	
13	最終プレゼンテーション

タンパク質の検索実習
- 自分の氏名をアルファベット化し，この配列がコードするタンパク質（My protein）をサーチする
- My protein の性質の紹介と自己紹介とを組み合わせた発表（5分）でプレゼンテーションを体験
- 発表をグループ分けの参考とする

自己紹介の要件
　自分の名前
　My protein の名前
　自分の性格
　My protein の性質
　自分が興味のあること
　将来の夢

TA がプレゼンテーションの例を披露

ルシフェラーゼの変性実験
- ホタルの発光反応を司る酵素ルシフェラーゼなどのタンパク質を種々の変性条件で処理し，発光の様子を観察
- 条件ごとに結果を記録
　条件例：
　　pHを変える
　　温度を変える
　　変性剤を加える
　　など

実験時：実験手法は自由
教員・TAはサジェスチョンのみ

プレゼンテーション時：揺さぶり
実験方法，精度について指摘．特に正しくコントロールが取れているかについて注力
教員・TAからの指摘例：
発光の色が違ったのはなぜか？
反応温度をある温度に設定した理由は？
変性剤の尿素を加えても，ルシフェラーゼ活性が見られた理由について考察があるか？
試薬を混ぜてからの時間は意識したか？

前年度の学生のアウトプットも参考に教員・TAよりツールのスタイル例を紹介

講義：前年度アウトプットも例にツール作成のポイントを講義
実践＆指導：ブレインストーミングのうえ，KJ法で整理．教員やTAも議論に参加．根拠をもとにグループで意見をまとめあげていく手法を学ぶ
予備発表：最終プレゼンテーションの前にも予備発表を準備．他チームの指摘，意見を踏まえた精度高いツール制作に生かす

授業の特徴

学習内容を自分にひきつけてアイスブレイク

タンパク質に興味を持ってもらうため，各学生の名前のアルファベットをアミノ酸一文字表記に則ってアミノ酸配列として読み替え，BLAST（ある特定の塩基配列やアミノ酸配列を有するDNAやタンパク質をデータベースから見つけ出すプログラム）を用いて，「名前の配列を持つタンパク質は何か」を調べ，自己紹介で発表してもらいました．そして，そのタンパク質（My protein）の等電点（強酸性・弱酸性・中性・弱アルカリ性・強アルカリ性）にしたがって班分けを実施．学習内容を自分にひきつけることで興味喚起を行い，学びの深まりを目指しました．

学生のアイデアに制限なし！

ルシフェラーゼの変性実験では，いかにして発光させるかだけでなく，さらに発光を強くするにはどうするか，色を変えるにはどうするかなど段階的に達成課題をレベルアップ．教員は可能性のある方法や試薬は提示しますが，実験のデザインは学生に任せます．最終課題のツール作成でも，アイデアに制限を求めず，実現可能性をサジェスチョンしていきました．

サイエンスコミュニケーションにこだわる

一般の人にタンパク質の重要性を理解してもらうツールを作成するためには，正しさだけでなく，取っつきやすさ，面白さも重要です．サイエンスコミュニケーションの精度を高めるため，教員やTA，前年度学生からの豊富な実例をもとにグループワークに取り組ませました．

第9回　授業の流れ

TAによるツール例紹介①
大人を対象としたタンパク麻雀
（6分）

→

TAによるツール例紹介②
タンパク質を用いた
実験プロトコールの作成
例：プロテアーゼ，リパーゼを
用いて肉をとかす実験（6分）

教育テレビ風に肉タンパクの特徴を紹介
電子顕微鏡での観察・実験（焼き肉）風
景を示し，タンパク変性の仕組みを示す

→

前年度の学生によるツール例紹介
例：ぺぷちどつなぎ（ゲーム），
タンパクスイッチ（動画）（16分）

左　神戸牛
中央　屠殺直後の黒毛和牛
右　アメリカ産の解凍肉

↓

グループワーク再開
他の班も参考にアイデア追加
内容分類・精査（34分）

←

他の班の模造紙見学（3分）

←

グループワーク
「誰」に「何」を「どこ」を強調して
「どんなツール」で紹介するか議
論．模造紙にまとめる（25分）

↓

まとめと宿題．次週の説明
振り返りシートにツール作成のポイントについて抱負記入
グループワークでツール素案発表準備
次週はツール素案を発表（10分）

成果物

科学を専門としていない一般の人達に身近にあるタンパク質の凄さをわかってもらうため，4 つの班からそれぞれツールが発表されました．

タンパク質のおしごと紙芝居

・紙芝居形式で，様々なタンパク質を擬人化した絵を用いて，タンパク質というものを知らない子供達にその役割を知ってもらう．
・食べ物とそのアレルギーを主題として，幼稚園児にも身近に感じてもらえるように工夫した．

タンパク質 LINE スタンプ

・タンパク質を身近に感じてもらうために，普段使えるLINE スタンプを作成した．
・まずスタンプに使う言葉を選び，それに関連するタンパク質を選び出した．また，科学的に正確な記述を意識した．
・中には教員のイラストが登場するものもあった．

タンパク質ボウリング

・タンパク質の名前が書いてあるピンを立てる．中にはタンパク質毒のピンも入っているため，倒すと減点となる．それを打ち消す酵素のピンも同時に倒すと減点は無くなる．
・タンパク質の名前と機能を書いた表と照らし合わせ，点数を決めるとともにタンパク質の名前と機能を遊びながら覚えてもらう．

タンパク質のゆっくり解説

・ある人物の 1 日をの出来事を通して，身近で活躍するタンパク質を数多く解説する．
・動画の形式をとっており，二人のキャラクターが会話しながら，タンパク質の働きを説明していく．

授業を終えて

学生の感想

・タンパク質について，わかりやすく伝えるということを意識して取り組んできたので，自分もしっかりと理解することができて楽しかった．他人に伝える時には，何を意識するべきかについても考えることができた．
・高校では物理・化学選択だったので生物には明るくなく，初めは不安でしたが，先生方も優しく内容もわかりやすく最後まで楽しくでき，生物に興味も持てました．
・スケジュール的には若干タイトだったが，毎回班員と楽しみながら授業に取り組めた．また，他班や先生方の話からも，断片的ながら色々な学びやヒントを得られて，刺激のある時間だった．

教員・TAの感想

・学生たちは思ったよりアクティブラーニングに積極的で，興味をもって自分から動いてくれていました．受け身の講義から，自分達で問題を設定して，その解決に向けて他の班員と協力しながら解決を図っていくという能動的な講義への転換は，やはり大学で行うべきものであり，知識を増やすだけではなく，興味を増やしてスキルを磨くことになると実感しました．（片岡）
・高校卒業したての 1 年生が，いろいろな発想をして，実験を論理的に解釈できるのが驚きでした．また，グループでの議論も最初は遠慮がちだったのが，だんだん積極的になり，きちんとまとめたのが印象的でした．（TA）

8

Keywords
理学／物理学
小実験, サイエンス
コミュニケーション

身近な物理でサイエンス

本授業のテーマ

物理は私たちの最も身近にある科学の一つです．一見簡単に見える現象でも深く追究していくと立派な研究になります．本授業では身の回りの様々な不思議を題材に，研究計画の立案，測定システムの製作，測定，得られたデータの解析，考察，発表といった研究の一連の流れを総合的に体験することを目的としています．

ここで大切にしているのが「自分の手を実際に動かす」ということです．現実の物理現象や実験計画は紙面上や頭の中とは異なり，計算・予定通りにはいかないものです．自分たちで実験計画を立て，実際に手を動かして実験をし，考察を重ね，次の実験計画を立て実行するということの繰り返しで，試行錯誤（失敗から学ぶこと）の大切さや，正確な実験実施の難しさ，計画性の大切さを学んでいきます．

授業では，時間や費用，知識等は限られたものになります．研究開発も同様ですが，その練習として 授業では以下の点も重視しています．

研究とは

◆ 理論と実験（とシミュレーション）の相補的な関係
◆ 実験結果からのフィードバック

材料	高額なものは使わない，3D プリンタは使用可
時間	限られた時間内で，ある程度の成果が出せるように計画性を重視
知識	今持っている知識で対応，もしくはその場で勉強する

教員の思い

◆ **失敗から学ぶ**：研究において，失敗や予想通りにいかない結果が得られることはつきものです．その不十分な結果を考察し，いいデータを得るためにどう工夫するかアイデアを出し合い，再実験の計画に反映させるという地道で緻密なサイクルをまわすことが重要です．学生には，身近なテーマの実験を通してこのアカデミック体験をしてほしいと願っています．失敗から粘り強く考察する胆力を鍛え，失敗を成功につなげていくプロセスへの気づきがあると嬉しいです．

◆ **理論と実験とシミュレーション**：研究は，理論と実験とシミュレーションの相補的な関係で成り立つものです．本授業では実験を主体としていますが，実験を計画する上で現象を理論的に理解することも重視しています．データの不確かさ，装置の妥当性など，データの数値をやみくもに信用するのではなく，批判的思考で多角的に考察し，現象と簡易的なモデル（理論）との整合性を検討できるようになってほしいところです．余裕があれば簡単な数値シミュレーションまで行えるとよいと考えています．

◆ **STEM 教育**：物理理論（S）や数学（M），実験に用いるセンサー等（T），そしてそれらを実験装置として組み立てる（E）ことを骨格としています．学んできた知識を基に，センサーの原理と特性を理解し，目的の物理量を測定するにはどのように実験装置をデザインしたら良いか，持っている知識や経験を総合的に組み合わせ体験を通してより深い理解へとつなげていけるようにしています．

■ STEM教育とは

実用化
実験装置でデータ取得

Engineering
実験の具体的な計画
実験システムの作成

Technology
3Dプリンタ・レーザー等

Science　Mathematic
背景にある理論・原理の数式化

松本 悠　特任講師
教養教育高度化機構
Educational Transformation 部門

専門は素粒子物理学. 現象論で, LHC やリニ
アコライダーでの Higgs 粒子測定を研究. そ
の後, 科学教育の研究にも従事. 高等教育・
物理を中心に, 科学の教育方法についての研
究や実践を多数行っている.

全体構成

1	ガイダンス
2	共通授業
3	オリエンテーション, 自己紹介
4	コンテスト センサーの特性, プログラムの準備など コンテストを行うための 基本知識 Microbitを使った車のレース
5	
6	
7	実験計画 各自実験したいテーマを 持ち寄り, 班を作る
8	グループワーク:実験① 　実験計画の立案 　試行 　必要材料の選定 　途中結果の発表
9	
10	
11	グループワーク:実験② 　結果から実験計画修正 　再実験 　最終発表
12	
13	

実験を行うことの基礎的な知識や技術を習得する

・測定原理を理解する
・装置を組み立てる
・データを整理する等

なお, 実験やコンテストの
テーマは毎年異なるもので
実施

コンテストテーマ例
・揺れに長く耐える建物作成
・割れないように卵を落とす
・フライホイールカーレース

自由に実験計画を立案

実験テーマは「サイエンス」であれば何でも可. 個人発表で
自分の実験を魅力的に伝えたうえで, 似た内容同士でグ
ループを作成

失敗を材料に緻密な PDCA を積み重ねる

実験には失敗や予想通りいかないことがつきもの. 試行を
重ねることの大切さを体感し, 失敗を次に活かし精度を高
めていくPDCAサイクルをまわしていく

測定したい物理量は何か？からスタートし, それを測定する
ためにどういった測定器が必要かを考える. そしてそれらを
どのように配置すればよいかは手作りでくみ上げていく

成果のアウトプットはプレゼンによる口頭発表. 論文に即した
構成で, 実験状況が分かる写真やイラスト, 結果のグラフを入
れる. 定性的・定量的の両面から, 簡潔で分かりやすく伝える

授業の特徴

頭で考えるだけでは不十分！手を動かしながら軌道修正を繰り返す姿勢を身につける

頭で考えることに長けていると，速やかに行動（実験）を起こせないこともあります．構想や計画に時間をかけすぎず，実験をする中で軌道修正をし，精度を高めていくことを体験させていきました．そもそも完璧と思われる計画を立てても，計画通りの結果が出ることはありません．それよりも，ある程度の構想ができたら装置を作り，実験をして考察を重ねて軌道修正をしていくほうが結果的に速やかに進むこともあります．中間発表などでも，再実験につながるフィードバックを心がけました．

実験結果を鵜呑みにしない！データの考察と論理的なフィードバックが重要

考察が欠けていた点は何かの指摘を心がけました．学生の発表は，妥当で当たり前の結果を得て終わっていたり，いいデータが取れているのに考察が不十分など，もったいないケースも多いものです．多角的に考察する視点を身につけることで，同じ実験でも得られるものに大きな差が生まれることを実感できるようにしました．

成果物

フライホイールによる発電効率

フライホイール（自転車のホイール）を用いて，
回転エネルギーから電気エネルギーへの変換効率を調べた

実際に装置を組み立てると，電気エネルギーへの変換は，小型のモーターで良いのか，ハブダイナモで良いのか，ホイールの回転の測定はどうすれば良いか，ホイールとハブダイナモの接続はどうするか，などの課題が次々と見つかった．その過程で，3Dプリンタで接続部を作成したり，レーザーを用いた回転速度測定を考案したり，データロガーを用いた測定を試すなど，様々な方法に取り組んでいった．

学生の感想

どれほどホイールを回せばどれほどの電気が得られるのかというのは実験をして初めてわかったことでした．手短に予備実験を行うことで，得られる物理量がどれほどのスケールになるのかを知っておくのは，実験を円滑に進めていく上で重要であると感じました．

雨に濡れないために

どのような角度で傘をさせば，
最も雨に濡れずにすむのかを検証

地面に見立てたボードを傾けた上に垂直に雨を降らせ，水滴を吸収すると色が変わるシートで濡れた状態を可視化．色の割合を解析するサイトを利用し，傘の角度によって濡れ度合いがどう変わるかを評価した．4つの角度について各3回データを取得．雨に対して垂直に傘をさすこと，傘を低くすることが良いことがわかった．

フィードバック

・限られた予算内の実験として面白くできた．
・傘の影になるところ，ならないところの境界が写真だけで判定できるか．内側と外側でなく，境界のちょっと内側，さらにもう少し内側と連続的に調べられると，巻き込んで入ってくる雨の量などもわかったのではないか．
・データは揃っているので，解析をもっと深めることでさらに面白くなる．

車のスリップを防ぐ

車の質量（3通り）や水の有無，床の材質（2通り）により
スリップ度合いがどう変化するかを調査

車輪風景（再掲）

データにズレ

水の有無，車の質量，床の材質につき，それぞれ2回の実験を実施．水があることでスリップしやすくなること，車の質量が大きくなるほどスリップしにくくなることがわかった．床の材質は，ゴム板だとどの条件でもスリップしなかったため，別の素材を用いるべきだった．

フィードバック

・スリップ率はいいパラメータ．そこを見つけられたのは良い．
・車（ミニ四駆）と金属板の間の動摩擦係数も測定すべきだった．動摩擦係数とスリップ率の関係を明らかにすれば，他の材質の場合のスリップ率の推定もできるだろう．

ビー玉による傾き測定

ビー玉を転がすことで床の傾きを測定する装置を，
センサーやマイコンを使って開発

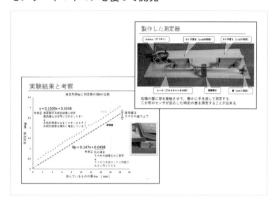

アルミレール上でビー玉を転がし，途中二か所に赤外線センサーを設置．それぞれのセンサーでの通過時間の差を測定．マイコンは Arduino を使って，時間差から傾きの角度を逆算する．

研究の成果

・レールの下に挟む厚みを変えて角度を変化させて，開発した装置での測定値と，スマートフォンに内蔵されている製品化されている角度センサーとの結果を比較した．
・開発した測定器の不確かさや装置特有の系統誤差まで評価できた．
・床自体の傾きは微小でビー玉が滑らかに転がらず直接の測定値に信ぴょう性がなかったが，挟む厚みと測定された角度のグラフの切片から，床自体の傾きを測定する工夫をした．

授業を終えて

学生の感想

学生1：この授業を通して客観的な考察をするには数値を出して比べる必要があり，測定可能な物理量にするために実験内容を工夫する重要性を感じた．研究では数値を用いて客観性を持たせることが重要であり，出た結果を理解してもらえるような形で発表することも重要だと学んだ．この授業は最後に結果を解析することとプレゼンをすることは大変だったが，概ね楽しみながら取り組むことができた．今後する研究ではこの授業で学んだことを活かしていきたいと思う．
学生2：前半の microbit でプログラムを組むのが楽しかったです．自分が組んだプログラムがうまく動かなかったときに，原因を探って書き直して，それでうまくいったときはとても嬉しかったです．ただ，先生の「数値を測りながらプログラム作りましたか？」という質問はけっこう図星だったので，これからこういうことをする機会があれば測定値を見ながらものを作るように気をつけたいです．後半はすごく自由度の高い授業だった分，自分たちで実験の内容を1から考えないといけなくて大変でした．でも楽しかったです．人が乗れるホバークラフトを作るところまで持って行きたかったのですが，できなかったのが残念です．

教員の感想

良かった点：学生たちが使ったことのないマイコンやセンサーなどを使うことで，興味を持って取り組んでくれたように思います．実験課題は学生自身で提案し仲間を引き入れて計画・実行するので，責任をもって能動的に進めてくれました．TAも二人付き，グループワークでも問題なく活発に議論していました．
反省点：前半で培ったセンサーを使ってのデータ取得方法を，後半の実験に導入してほしかったのですが，自由課題設定にしているため，思うようにセンサー活用につなげられませんでした．また実験機材が班ごとに別であるため，それぞれの準備やフォローが大変でした．学生が自由に材料を購入できるシステムがあるとだいぶ楽になります．TAを一班に一人程度に増やしたり，授業外でも自由に工作ができる環境を整えたりすると，より充実した成果物ができるのではないかと思います．

 ×

問題発見・解決型　論文読解・演習型

Keywords

生物学／薬学
細胞生物学, 分子生物学,
疾患, 創薬戦略

9

薬学における生物学の役割と貢献

本授業のテーマ

〈授業の背景〉

薬学部では，生命現象の理解を究めつつ，創薬を視野に入れた基礎研究を行っています．生命現象を深く理解するためには，生物を構成する最小単位である細胞について詳しく知る必要があります．その方法として，正常な細胞と異常な細胞を比較し，その違いがどこから生じているのか調べることは，とても有効な手段です．数多ある病気の原因は様々ですが，究極的には特定の細胞の機能異常が病気を引き起こしているとみなすことができます．したがって，病気の原因を探ることが正常な細胞の本来あるべき姿を知る手がかりにもなることを意味します．

〈授業の目標〉

本ゼミナールでは，創薬の対象となりうる各種の病気やその発症原因について学習しながら，正常な細胞の姿の一端を知ることを目的とします．さらに，疾患を治療するためにはどのような戦略を取り，どのような創薬ストラテジーがあるかということをグループで考え，プレゼンテーションを行います．一連の作業を通じて，文献やデータベースの探索方法，論文読解，グループディスカッションの仕方，わかりやすいスライドの作成・発表方法などの習得も目指します．

病気の理解と薬の開発：生命現象の分子レベルでの理解が重要！

細胞の異常 組織の異常  器官の異常 個体の異常

レビー小体の形成　　　　中脳黒質ドーパミン神経の脱落　　　　パーキンソン病

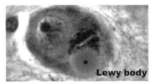

Frank et al. (2006)

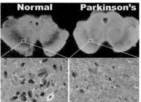

Gowers (1886)

教員の思い

◆ 病気の発症について，分子メカニズムに基づいた理解をし，治療のためのターゲット分子を定めて創薬を行う一連のプロセスの具体的な設計ができるようになることを目指します．

◆ 最近の世界と日本における創薬の動向を把握し，薬害のことも踏まえながら，創薬が社会に対して与える影響について考察します．

◆ 病気の治療においては，病気を分子レベルで理解すること，治療による副作用をできるだけ抑えること，倫理的に問題がないことなど様々なことが要求され，良い薬がない病気も多いです．そのような制約の中で先人たちがどのような創薬を行ってきたかを学び，iPS細胞による再生治療やCRISPR-Cas9システムによる遺伝子改変など最先端の研究も踏まえながら，さらに10年後，20年後にどのような技術が可能になっているかなど，自由な発想も混じえて，現在難治となっている疾患に対して夢のある創薬プランを一緒に考えていきたいと思っています．

大学院薬学系研究科

中嶋 悠一朗　講師
薬科学専攻
細胞可塑性の制御機構

平山 尚志郎　助教
薬科学専攻
タンパク質の品質管理機構

中嶋 藍　助教
薬学専攻
神経回路形成の分子機構

中島 啓　助教
薬学専攻
生体内免疫応答の制御機構

全体構成

1	ガイダンス
2	共通授業
3	自己紹介 ファイルの共同編集
4〜6	ケーススタディ① 既存薬に関する調査・発表 （平山） 既存薬がなぜ効果を発揮するのか，メカニズムを調べ発表する
7〜9	ケーススタディ② 対象疾患決定， 具体的な創薬提案のための 調査（中嶋藍）
10〜12	ケーススタディ③ 調査の継続と プレゼンテーションに 向けた準備（中島）
13	プレゼンテーション

ケーススタディの構成
- ・教科書，論文，プレスリリース，独立行政法人医薬品医療機器総合機構（PMDA）のインタビューフォームなどからの情報収集
- ・生物学にもとづいた病気の仕組みの理解
- ・ロジカルなプレゼンテーションの技法を習得

講義・論文読解	サイエンティフィック・スキル	グループワーク
薬の効く仕組みについて ・既存薬にどのようなものがあるか概略を説明するとともに，発表の見本とする	既存薬の情報収集について ・PMDAのインタビューフォームの調べ方や論文検索の仕方を説明 ・プレゼンテーションにおいて気をつける点（基礎）を説明	取り上げた疾患と既存薬について ・決定した既存薬について，PMDAのインタビューフォームおよび関連論文を調べる ・発表スライドを協力して作成する
・論文やウェブサイトなどの資料から対象疾患の背景・既存薬を調査 ・研究開発計画の組み立て方を学ぶ	・資料・論文調査から得たデータに基づく仮説の立て方 ・プレゼンテーションの組み立て方	・資料・論文調査に基づき仮説を立て，新しい創薬ターゲットを設定 ・創薬戦略の資料調査，議論
・創薬，製薬の歴史とこれからについて ・創薬への具体的なアプローチ法について	・プレゼン資料作りの基本的なスキルについて ・プレゼン発表と質疑応答の基本的なスキルについて	・創薬戦略の資料調査，議論 ・プレゼンと質疑応答の予行練習 

最終プレゼンテーションのルール
- ・学生らでチェア／司会をする（発表・議論時間も考慮する）
- ・質問班を決める（あらかじめスライドから学習しておく）
- ・教員は盛り上げ役（ディスカッションの活性化）

授業の特徴

情報収集とプレゼンテーションを通した段階的な理解の向上

既存薬に関する調査・発表を通して，薬がどのようにできるかを学びます．創薬における生物学の重要性を理解し，病気がなぜ起こるのか，薬の作用点は何かという点についてグループで情報収集します．学習した成果をプレゼンテーションという形でアウトプットすることで，自分たちの理解が第三者にも伝わるのかが分かります．また，教員やTA，他のグループからもフィードバックを受けて内容を深めるというプロセスを体感します．

例：既存薬に関する調査・発表の場合（第4～6回）

授業内グループワーク
（30分間のウェブ検索，論文でなくてもよい）

興味のある疾患やその疾患に対してどのような既存薬があるか，グループごとにリサーチ
　1班　パーキンソン病について
　2班　敗血症について
　3班　花粉症について
　4班　結核について
それぞれグループごとに授業内で3枚程度のスライドを作製し，なぜその疾患に興味をもったのか，発表を行う

授業外グループワーク

それぞれの疾患についてどのような治療薬があるのか，各自で調べる．興味を持った一つの治療薬について，どのような作用機序で効果を発揮するのかを調べる
　1班　L-ドパについて
　2班　バンコマイシン塩酸塩について
　3班　ラピアクタについて
　4班　リファンピシンについて
各班，PMDAの作製したインタビューフォームや薬の開発につながった論文を調べ，7枚のスライドで（7分間以内）発表を行う

プレゼンテーション1回目

プレゼンテーション2回目

創薬の提案は自由な発想に任せつつ，教員やTAによる丁寧なフォロー

「治療薬のない疾患や十分な治療方法が確立されていない疾患を選んで，病気の仕組みを分子メカニズムや細胞の異常という観点から捉え治療薬を考える」という，1年生にはハードルの高い課題をあえて設定しています．学生たちに戸惑いもみられましたが，「できることをやる」のではなく「できるできないはともかく自由な発想で考えてみる」という高校までの学習からの大転換を図りたかったからです．技術の発展スピードは加速度的に増しており，昔は夢物語だったことが次々と現実のものとなっています．1年生の学生が大学を出て，第一線でリーダーとして活躍するようになる20年後くらいに何をやりたいかということを考えるなら，突拍子もないくらいのアイデアでちょうどよいのではないでしょうか．とはいえ，すべてを学生に任せっぱなしでは成り立ちません．ターゲットとする疾患も壮大すぎては時間内に終わらせられないし，メカニズムが不確定なものでは曖昧になります．そこで，教員やTAがグループを巡回しながら適宜サポートする体制を取っています．

教員によるフィードバックの声かけ例
「いろいろな可能性を考慮したうえで，自分たちが提案する薬がどうしてベストだと思ったのかを説明し，説得力のあるプレゼンにつなげよう」「発表時間の割に内容が多いと思うので，聞き手に伝えるためのわかりやすいイラストを準備するなどして，短い時間で効果的に自分たちの主張が伝えられるような工夫をしてみよう」

成果物

ALS（筋萎縮性側索硬化症）

カルシウムイオンの異常とALSへの影響の仮説

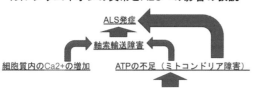

軸索輸送：小胞体とシナプスの間で行われるタンパク質のやり取り
軸索輸送に障害 → 神経の情報伝達に悪影響

ALS発症に関与する軸索輸送障害の原因として，小胞体とミトコンドリアにおけるカルシウムイオンの異常に注目．特にGSK3βに着目して，既存の阻害剤を薬として転用するアプローチを提案．

アルツハイマー病

3. 戦略①

①レカネマブの重鎖C末端にBrain Shuttle をつける

※Brain Shuttle は TFR抗体

※なぜC末端？　→　立体障害を防ぐ

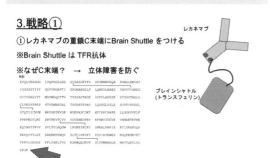

アルツハイマー病の進行を抑制する抗体医薬であるレカネマブに着目．血液脳関門の透過率向上や副作用の低減といったレカネマブの改変による抗体治療の改善につながるアイデアを提案．

アトピー性皮膚炎への新しいアプローチ

考えられる方向性

黄色ブドウ球菌は普段から情報伝達物質を放出
→受け取ると毒素が合成＝発症

①AIPの機能を阻害
②AIPの受容体を塞いでしまう
③毒素の転写が促進される経路を阻害

など様々考えられるが，、、

アトピー性皮膚炎の根本的な治療薬の標的として，皮膚に存在する黄色ブドウ球菌に注目．黄色ブドウ球菌の自己誘導因子（AIP）に着目し，AIPの環状構造を模した新しい創薬を提案．

エボラ出血熱について

ターゲットを決めた理由1

①ウイルスが人の細胞に侵入するのを防ぐ

デコイが放出される→デコイにヒトの抗体がいきつく
→ウイルス細胞がGPを介してヒトの細胞に侵入

解決するために
→GPに対する薬を作る
既存薬(ebanga, inmazeb)がすでに存在

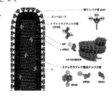

エボラ出血熱に対する既存薬の問題点を指摘した上で，特異性の高いと考えられるRNA干渉の可能性に注目．ウイルスの糖タンパク（GP）を標的として，siRNAを新しく設計するアプローチを提案．

授業を終えて

教員の感想

本ゼミは，実験こそしませんが，研究に必要な要素である，「問題設定」「関連情報の徹底的な収集と整理」「議論による理解度の向上」「プレゼンテーション」という一連の流れを体感することができます．薬学に興味がある人はもちろん，生命科学や病気の仕組みに関心がある方なら，充実した時間を過ごせると思います．（中嶋悠）

高校までは受け身の授業が主体ということもあり，自分たちで課題を設定して発表することについて，色々と戸惑うのではと心配していましたが，杞憂に終わりました．物事の背景を調べて課題を設定する，課題から新しいことを発見し，それを発表して共有する，という研究の面白さの一端を感じてもらえたらと思います．（平山）

グループワークでの調査とTAも交えた活発な議論を通じて完成する最終的なプレゼンテーションはどれも完成度が高く，教員側も驚くほどです．必ずしも高校で生物を選択している必要はありませんので，未知の生命現象を明らかにしたいという興味のある方の参加を歓迎します．（中嶋藍）

どのグループも自分達で見つけた課題に対して，積極的に議論して取り組んでくれました．授業を重ねるごとに，プレゼン資料がどんどんブラッシュアップされていき，教員側もとてもワクワクするような講義です．この授業が薬学や研究に興味を持つきっかけになってくれれば嬉しいです．（中島）

Keywords
化学／分子科学
原子・分子，構造，
分光学，スペクトル

10

問題発見・解決型

分子の形を知り，物質をデザインする

本授業のテーマ

水分子が，1 個の酸素原子と 2 個の水素原子からなり，折れ曲がった二等辺三角形のかたちをとることはよく知られています．このように非常に小さな分子の構造はどのようにして決定されたのでしょうか．

本ゼミでは，この疑問から出発し，分子の形がどうすればわかるかを調べ，なぜわかるのかを考え，原子や分子に関する学び，想像，考察を通じ，化学の考え方を修得します．

まずは，具体的にどのような測定データにもとづき分子の構造が決まるのかを，気相クラスターの例を元に，文献やデータベースを使って調べることを知っていもらいます．その後，それぞれ 1 個の元素およびそれが含まれた簡単な分子を選び，その元素の持つ特徴を明らかにしながら，どういう物質を構成しうるのかを考えます．

授業の進行は，3，4 人のグループで行い，グループごとにテーマを設定．グループ内でさまざまなアイデアを出し合い，議論し，最終的にグループごとに結果を発表します．

●本ゼミのゴール：分子の形を知り，物質をデザインする

コンセプト

インプット
情報を探りながら集める

アウトプット
面白そうな物質をデザインする

分子の形は何で決まるのか？
どうやって調べるか？

情報を元に
設計指針を決める

形，機能，性質
現実的な構造か，
量子化学計算で再現する

教員の思い

本ゼミでは，化学の授業で登場する物質に限定せず，珍しい元素の組み合わせや構造を持った分子を自由に考えてもらいます．それだけでは実現可能性が不明なので，量子化学計算を行って最安定構造を探り，その構造の画像を作成します．とはいえ，学生の発想にリミットをかけることはせず，「実在できなくてもいい」くらいの自由な発想を求めます．

予期しない方向へ発想を自由に発展させるためには，まず興味に沿った情報を探りながら集め，その中から何らかのストーリーを構成できるものを選択し，多少強引でもまとめあげる力が必要です．これは，科学の研究プロセスの大枠にもつながります．また，グループワークの過程において，グループ内だけで発想するのではなく，ワールドカフェ形式で自分のグループのアイデアを他のグループと共有する機会を設けています．それによって，他グループのアイデアに触発されて，さらに新しい発想を生み出すことも期待しています．

宮島 謙　特任准教授
教養学部附属教養教育高度化機構
Educational Transformation 部門

原子が数個から数百個集まった集合体「クラスター」を真空中でレーザー蒸発法によって生成させ，「気相昇温脱離法」と反応速度の測定を行い組成ごとの物性を調べています．触媒に使われる複数の元素を混ぜた「多元素クラスター」の混合物の中から，高活性を示す組成をコンビナトリアル的にざっくり探索することを目指しています．

全体構成

1	ガイダンス
2	共通授業
3	本ゼミガイダンス 文献／データ検索実習
4	グループワーク① グループ分け， 分子構造を調べる方法 何を調べるか討議 （ワールドカフェ形式で情報共有）
5	分子構造を調べる 方法について討議 （ワールドカフェ形式で情報共有）
6	テーマ発表， 問題解決に必要な事柄を議論， 調べてくることの整理 （ワールドカフェ形式で情報共有）
7	グループワーク② 進捗状況の共有 （ワールドカフェ形式で情報共有）
8	
9	
10	これまで得た情報から 予想を立てる 「○○はこのような構造を取りやすい」 「○○はこういう性質を示す」など 考えた物質の構造の情報を TAにメールで提出 ↓ TAが量子化学計算ソフト Gaussian16で最安定構造を得て GaussViewで可視化
11	プレゼンテーションの作成
12	グループ発表＆質疑応答 （各10分＋5分）
13	相互評価の結果発表， フィードバック

ワークショップの作法
傾聴の姿勢…人の話をよく聞こう
みんな平等…臆せずに意見を言おう
感覚も大事…「面白い」「なんか変」でもOK
（意外と）カンニング推奨…面白そうなアイデアに乗っかる
タイムマネジメント

「クラスター」について文献検索
魔法数，殻モデル，質量分析法，など

シュレーディンガー方程式
原子や分子が満たす基本的な方程式
シュレーディンガー方程式を解くということはハミルトニアン（全エネルギーを演算子の形にしたもの）に対する固有値と固有関数を求めることになる．

『生命とは何か〜物理的にみた生細胞』（シュレーディンガー著）を読み，わかったこと，わからなかったこと，考えてみたこと，調べたことを情報共有．

〈第7回までの宿題〉Avogadroというフリーソフトウェアを使って，分子の形を組み立ててみる．例：C_{60}，ビタミンの分子，乳酸，糖……

〈第8回までの宿題〉分子やクラスターの構造を調べるための手法に関連するキーワードについて調べてくる．
・吸着　・分子の振動　・自由電子レーザー　・量子化学計算

第9回の前に各自ベースとなる元素を1つ選んで，その単体とその元素を含む化合物の構造と性質を調べておく

ワールドカフェ形式のグループワーク
「ワールドカフェ」とは，グループワークや対話コミュニケーションの一手法．本ゼミでは以下のように行う．
❶ グループの中で情報共有（3分×3人）
　各々，グループの中の人の話を聞いて，理解し，情報を記録
❷ 1人が残り，2人は他のグループへ（10分）
　ホストは，そのグループでどのような話があったかをゲストに説明．ゲストは自分のグループでの話題を紹介する
❸ 元のグループに戻り情報共有（15分）
　他のグループに話を聞きに行ったゲストは，元のグループのメンバーと話を共有

〈プレゼンのひな形〉調査の結果わかったこと→それを踏まえて得た指針→指針に従って考えた分子と分子の性質予想

参加者同士で，「調査の深さ」「分子設計の指針」「考え出した物質の面白さ」の3つの項目別に相互評価．

授業の特徴

自分の考え，他の人の考えを共有し合う

授業の前半のグループワークでは，自分の考えや意見をグループ内だけでなく，別のグループのメンバーと共有し合う体験をしてもらいます．その素材として，大学初年次で学ぶ量子化学のSchrödinger方程式で有名なエルヴィン・シュレーディンガーが著した『生命とは何か〜物理的に見た生細胞』を読んでもらい，その中で展開されている物理学者が考えた遺伝の仕組みとそれを担う分子が有するであろう性質について考えてもらいます．この本は彼が市民向けの科学講座で話した内容からなります．分析手法が限られてDNAの二重らせんが発見されるより前の議論なのですが，想像力を働かせて分子サイズのものに切り込んでいる様子をぜひ追体験してください．

自由な発想・アイデアを生み出す

みなさんの興味まかせでのグループワークで各グループが想像した面白そうな分子のテーマを決めて，知見を集めてもらいます．その時，教員とTAは少し離れたところから見守っています．化学物質についての情報のソースはいろいろあります．あまり厳密さにこだわらず，気軽に取り組んでもらうように心がけています．また，特定の元素に人気が集中するのは望ましくないので，ゼミの中盤では各グループが周期表のどの元素を選んだかを共有します．選んだ元素を含む化合物について，さらに調査してもらいます．

グループでプレゼンテーション

発表資料の作りこみや，プレゼンテーションの練習と発表では各メンバーが協力して取り組んでもらうようにしています．グループで考えたテーマについて分子の構造の図を使いながら，何に興味を持ったのか，どんなことを期待しているか発表してもらいます．

成果物

光と色 〜変色する分子

【学生の意図と感想】　なんらかの変化を取り入れたら絶対面白いと思った．そこで，色の変化に着目．他グループから「色が変わるのを実験で見てみたい！」と言われて嬉しかった．

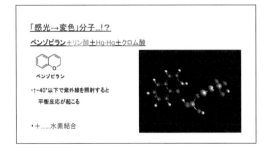

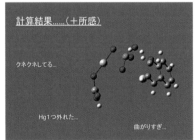

バスカ錯体

【学生の意図と感想】 バスカ錯体とはどのような錯体であるかを調べ，水溶性の使いやすい触媒にしたいと考えた．命名法についても考え，略称が呼びやすい「BACA 錯体」になったところもポイント．

バスカ錯体の問題点

- 水溶性でないため，毒性のある有機溶媒を使う必要がある
- 非常に高価(1gで61900円！)
  - 参考:イリジウムは1gで20750円

触媒をもつ優秀なのは間違いないが，使いづらさも否めない

→とりあえず一つ目の問題を解決して，水溶性にしたい

結果

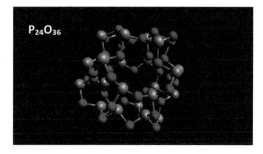

期待される化学的性質

・バスカ錯体と同様に，さまざまな反応の触媒として働くことができる

・コリンカチオン（に似たもの）の存在により，水溶性をもつ（あわよくばイオン液体になる）。

・ピリジンで挟まれているため，さまざまな攻撃に対して安定である

・名前：
trans-ビス(アニリン)クロロアミノイソシアノトリメチレタンアミニウムイリジウム(I)

略してBACA錯体

$P_{24}O_{36}$

【学生の意図と感想】 リン（P）の反転障害が大きいこと，結合手が３本であることを利用した切頂八面体構造．形の美しさと機能性を考えた．

背景知識

1. ホスフィン

ホスフィン：PH_3，およびPR_3と表される化合物の総称

アンモニアとよく似た性質

錯体としてよく使われる
ホスフィン中のリンの持つ
非共有電子対を用いて配位

反転障害が大きい→光学活性、形の固定

$P_{24}O_{36}$

グループ発表後の学生の感想

・自分たちは何らかの効果のある分子構造を組み合わせようと考えていたが，問題点を把握し改善案を考えるという他グループのアイデアに触れて，調べることの大切さを理解した．

・高校ではなぜそうなるかを理解せずに丸暗記してきたが，グループで調べたり，他グループの発表を聞くことで，分子構造が分子の性質に大きな影響を与えるのだと気づいた．

・将来必要とされるであろう「既存のものから新たなものを導く」練習のようなものができたと感じている．

授業を終えて

学生の感想

・考えた物質が必ずしも実現可能ではないところが面白かった．今回私たちの班は物質の性質に着目して進めたが，分子の幾何学的な美しさに着目した班など，刺激的な発表ばかりで聞いているのが楽しかった．

・「実在できなくてもいい」という条件が非常にやりやすかったです．その条件があったからこそ，他のグループも含め，多様な分子を吟味することができたと思います．色々調査する中で，日常的に耳にしていた分子の構造や性質を詳しく知ることができたり，よく聞く試薬の変色の仕方を知ることができたりしたのが，個人的に一番興味を持ったところです．知っていることを日常で感じられるとますます勉強が楽しくなると思います．

教員の感想

計算科学の急速な発展のおかげで実験と理論の両方で理解が深まるサイクルが回っています．コンピューターの中では，爆発や毒性などを気にせずに安全に分子を組み立てることができますので，まずフリーソフトウェアで分子を組み立てる体験をしてもらいます．その上で，みなさんがどんな元素や化合物に興味を持つか，毎年楽しみにしています．想像上の分子をグループ内外のメンバーと検討することで，自由に発想を膨らましてもらいます．この授業を通じて化学の教科書の知識から最新の科学と応用へ興味の範囲を広げてもらえたらうれしいです．

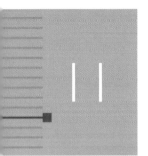

Keywords
工学／電気電子工学
ロボット，車両，
動的システム運動制御

モーションコントロール入門
—— ロボットや車両を上手に動かす科学

本授業のテーマ

すでに高校の物理で習ってきたように，目の前のものから，天体に至るまで世にあるものは力学に関する物理法則にしたがって動いています．ニュートンにより提唱された力学の法則は数学的表現では，時間に関する二階の微分方程式の形をとります．ものをうまく動かすためには，その微分方程式に基づく「動的な性質」を理解し，取り扱うことが重要です．ものの「動的な性質」に着目して対象をモデル化し，状態を計測し，リアルタイムに情報を処理して，入力をうまく決め，「思ったように物を動かす」一連の手法を制御と言います．本ゼミでは，倒立振子という，そのままでは倒れてしまうものを例題に，上手にものを動かすモーションコントロール＝運動制御について，グループでの議論，数値計算，実験を通じて学びます．そして，数式に基づいて論理的に考えることの大切さを体験していきます．

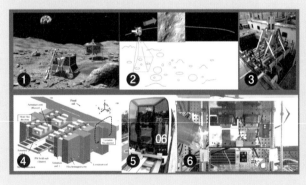

●さまざまな最先端制御の例

①惑星表面探査ロボットのイメージ
（池下章裕／ JAXA 宇宙科学研究所ご提供）
②惑星表面探査用人工衛星の軌道制御のイメージ
（JAXA 宇宙科学研究所ご提供）
③リニア波力発電機水槽試験
（古関・大西研究室と海上技術安全研究所）
④電磁吸引式磁気浮上と大推力リニア同期モータを組み合わせた高精度位置決め試験装置
（古関・大西研究室）
⑤電磁吸引磁気浮上式都市鉄道 リニモの車両
（愛知高速交通東部丘陵線）
⑥位置センサレス磁気浮上能動安定化制御試験
（古関・大西研究室）

教員の思い

駒場で自分が学びはじめた時，講義の内容がよく理解できず，各科目の学習内容の関連性も把握できぬまま途方に暮れた苦い思い出があります．専門課程に進み指導教員や先輩と話をしながら自主的に研究に取り組むようになると，バラバラだった知識のピースが少しずつつながるようになり，それらの知識がどのような場面で活用され役に立つのか自然に理解でき，楽しさが感じられるようになりました．入学直後に学ぶ数学や物理，化学は，講義を聴き理解に努めるという受動的な作業の中で，先人が確立した知を基礎として学び，文明社会の万人に共通する「思考の手抜き法」を身につけることだと感じています．しかしそれは，実践をし，何かを動かして測定し，それをまとめて他者に説明するという能動的体験を通じて，初めて実感できるものなのでしょう．

本ゼミでは，「大学での学び」への純粋な希望を胸にしている時期に，そのような体験をしてほしいと考えて課題設定をしました．同時に，現時点での自分の限界を超え，数年後にまさに第一線の研究者として参加する最先端研究の魅力を，若手教員の特別講義で感じてもらうことも試みています．

古関 隆章 教授
大学院工学系研究科 電気系工学専攻

東京大学大学院工学系研究科電気系工学専攻准教授, 研究科准教授を経て現職. 電気学会, 米国電気電子学会, 日本機械学会, 日本 AEM 学会, 日本精密工学会, 日本鉄道電気技術者協会の会員. 現在の研究テーマは, リニアモータ, 磁気浮上など電気電子工学, 制御工学の電気鉄道・交通分野を中心とする産業応用. 最近では, 日本における鉄道の自動運転の実用化に向けた各種活動に力を入れている.

全体構成

1	ガイダンス
2	共通授業
3	オリエンテーション グループ分け 自己紹介スライド作成
4	グループで自己紹介 PC演習 講義: ニュートンの方程式
5	グループ演習: MATLABで関数グラフ描画① 講義: 古典力学・制御に使う数学の道具
6	グループ演習: MATLABで関数グラフ描画② 講義: 状態空間表現・行列とベクトル
7・8	グループワーク① MATLABによる 運動軌跡の算出と描画
9・10・11	グループワーク② 倒立振子の試行と 課題設定・実験
12	特別講義:大西 亘 准教授 制御工学の最先端産業応用
13	グループ発表と討論

グループ内で協力しながら, 親しい友人を得て, 助け合う重要性を知る. これは研究や仕事の上で必要なチームワークを養うことにもなる.

PC演習
・Google, OPACなどを用いた検索方法
・MATLAB登録と使用方法

GoogleDrive 等のクラウドを使用して, 授業に使用したスライドだけでなく, 自分たちで作った自己紹介スライド, リポート等までもが見られる状態にするための演習も行う. クラウド上には歴代TAが探し出した理解促進に最適な動画やHP のリンクなどもアップされている.

ビュートバランサーを使った倒立振子実験
「倒立振子」とは, 支点よりも重心が高い位置にある倒立した振り子のこと. ここでは学習用の倒立振子である実験機器「ビュートバランサー」を使用. この実験機器は, 多くの大学や高専で使われ, インターネット上にはさまざまな実験結果やデータがアップされており, 学生はそれらを容易に参照することができる. 各グループに一つのビュートバランサーが配られ, グループで実験に取り組む.

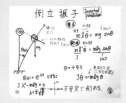

特別講義:制御工学の最先端産業応用
鉄道, 自動車の運転や, 発電所・電力系統の安定化に制御工学は欠かせない. 特に「ムーアの法則」に代表される半導体集積回路の指数関数的微細化には, 半導体製造装置の指数関数的性能向上が必要で, 高速・高精度位置決めという制御技術が不可欠となる. 高い制御性能の実現には, 講義で学ぶ運動方程式の理解と, そのパラメタを測定データから定める「システム同定」技術, そしてデータから学ぶ「学習制御」が必要で, その基礎には高校物理や大学教養で学ぶ物理・数学がある. これらが社会の豊かさと進歩をどう駆動しているのかを実感してもらい, 学習のモチベーションを上げてもらう目的の講義.

授業の特徴

本ゼミで身につける「思考の手抜き」とは，先人の知恵を使うことによって，一から考えたり計算したりしなくて済む省力化のことです．これまで行われてきたフレームワークや公式を使いこなす中で，その限界が自ずと見えてきたとき，新たな手法を発見できるかもしれません．

練習問題で実用的に有用な手法を体験 —— 思考の手抜き①

高校で学んできた物理や数学の知識をもとに，動的なシステムの理解を深めるための入門的講義を行います．推薦参考書，web からダウンロードした電子版のテキスト，スライド配布資料等を自習に活用しながら，講師の話を聞き，TA の支援を得て練習問題を解いていきます．こうすることで，運動方程式の基本となる微分方程式の表現や典型的な解法を獲得し，それらを簡単に扱うための状態空間法などの実用的に有用な手法を体験します．

「制御系 CAD」アプリケーションでグループワーク —— 思考の手抜き②

「制御系 CAD」を用いて，実際に数値的に計算したり，さまざまなグラフを描く体験を通じて，動的システムの取り扱いや制御器を設計するという作業を，数値シミュレーションの中で仮想的に体験するグループワークを行います．グループ内での議論や講師，TA との議論を通じて，座学で学んだ事柄の理解を高めていきます．

倒立振子を使った運動制御実験

グループごとに簡単な運動制御実験を行い，理論との相違や実世界での設計・計測の難しさを体験します．シミュレーションや実験結果を比較したグループ検討の成果を最終日に発表します．

成果物

斜面と倒立振子の振動

ギアのがた（バックラッシュ）からくる比較的高い振動（非線形振動）の解消を勾配上での倒立振子実験として，勾配を条件変化のパラメータとしてその有効性を観察しようとした試み．

教員のコメント

実験対象が非線形となってしまっているので，線形計算に基づくモデル化（①）は困難で，実験と理論との比較はあまりうまくいかないと思われる．しかし，数値計算（②）と測定値の比較（③）をしながら議論を進めようとした試みは素晴らしいと感じた．4つのケースの試験結果を1つのグラフにまとめる，あるいは同じスケールで並べて示す等の工夫があるとさらに良かった．

①

②
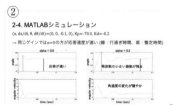

③
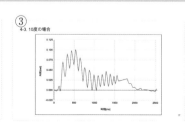

ビュートバランサーを外部から力を加えていじめてみた結果

倒立振子に，再現性の高い外乱を与えて応答を見るという工夫をするとともに，ゴムで車体の下の方を引っぱって，その影響を数値計算と比較して評価しようとした（①）野心的な試み．

教員のコメント

比較的計算と実験が合ったという報告（②）をしたが，実際には計算の合わせ込みをしているようなので，その具体的な試行の説明に言及できると良かった．この実験では複雑な場合分けをつなぎ合わせていくプログラムが必要だと思われるので，解釈が難しい問題設定になってしまったが，将来その理論的解明に再挑戦してほしい．電池の状態が実験条件に困難を与えていることを具体的に示したことは良い気づきだった（③）．

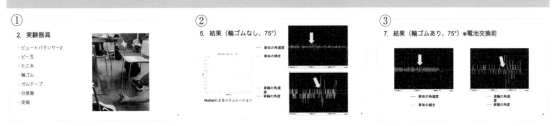

倒立振子の慣性モーメント計算と運動測定結果の比較

系統的な実験計画（①）を立て，実測後の信号処理により角加速度情報を計算（②）．さらに，回転軸周りの車体の慣性モーメント J を理論的に計算（③）して，運動方程式との整合性を見ようとした試み．

教員のコメント

運動方程式にこだわり，理論と実験の整合性を確認しようとした意欲的な取り組みを高く評価したい．期待した理論と実験の一致があまり見られなかったことを残念に感じていると思うが，実験環境によっては微分を含む信号処理が難しいことが一般に知られている．数値微分の処理には単純な差分計算ではないさまざまな考慮事項があるので，今後の学習の励みにしてほしい．

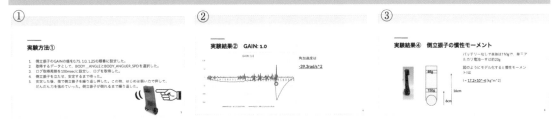

授業を終えて

教員の感想

約4カ月のわずかな時間，限られた条件の中，テーマ設定をし，数値計算，実験データをまとめ，力を合わせてスライドを作成し，グループ発表できたことはすばらしい成長の顕れを感じました．参加してくださった皆さんの努力を高く評価したいと思います．実際のところ，個人的な実力の差もあり，優秀な仲間に引っ張ってもらい，助けられたこともあったのではないでしょうか．しかし，お互いの弱いところを助け合うことで，一人ひとり実力以上の仕事ができるということもわかってもらえたのではないかと思います．

TA の感想

1年生の授業ということもあり，できるだけ制御の楽しさを知ってほしいという気持ちと，将来の研究生活に何か役立つことを学んでほしいという思いで，授業にのぞみました．学生たちは自由に研究テーマを決め，私自身は機器の取り扱いやデータの取り方など実務的なフォローにつとめました．運動方程式の立て方やシミュレーションソフト上での設定など難しさを感じたとは思いますが，限られた時間と制約のある実験条件の中，かなり面白いことをやってくれたなと感じています．（TA 長井健介）

12

 ×

問題発見・解決型 × フィールドワーク型

Keywords

キャンパス，都市，
資料収集・分析，
現地踏査，発表，グループ作業

駒場キャンパスやその周辺のまちを歩き，その空間について考える

本授業のテーマ

本授業はフィールド体験型ゼミナールとして，都市空間の魅力と課題，それらの要因となる要素を理解・分析し，そのことを他者に伝わるように表現する力を養うことを目的としています．

授業では，駒場キャンパスやその周辺のまちを歩いたり観察したりして，魅力や課題の発見と提案を行います．

・現地踏査と情報収集（写真撮影，観察調査）
・空間の特徴を把握，魅力や課題に関する討議と提案
・調査結果や提案の表現・発表（図面に整理・集約）

を通して「まちづくり」の流れ，まちの課題解決，改善のための計画や設計の視点を学んでいきます．

建築，土木，都市計画，環境の分野に関心がある方，グループワークが好きな方，いろいろな側面から都市を見てみたい方におすすめです．

駒場キャンパスを実際に歩き，
パブリックスペースの課題を探している様子

教員の思い

◆ 都市計画で最も大切なのは，誰のどんな課題を解決するかを決めることです．「まち」で生活するユーザー側の立場をしっかり理解しつつ，計画設計の立場から課題を整理し，解決策を考えていくことが必要です．場所をしっかりと見て，歩いて，時間ごとのユーザーや使われ方を丁寧に観察することで，ユーザーの望んでいることと実際の空間のありようとにズレがあることを確認することで「まちづくり」の第一歩を体感してほしいと思います．

◆ 都市計画においても，世の中を動かすのは根拠を伴った説得力のある提案です．大学１年生の賢く頭の柔らかい時期には，さまざまなアイデアが浮かぶことでしょう．ただ，思いつきに近いジャストアイデアと，根拠を伴ったアイデアとは全く別物です．根拠を伴ったアイデアは観察や情報収集，数値化などが必要不可欠．フィールドワークやグループワーク，他グループの様子から，徹底的に練習，実践していってほしいと思います．

中島 直人　教授
大学院工学系研究科
都市工学専攻

1976 年東京都生まれ．東京大学工学部都市
工学科卒，同大学院修士課程修了．博士（工
学），東京大学助教，イェール大学客員研究
員，慶應義塾大学准教授等を経て，2023 年
12 月より現職．専門は都市計画．

廣井 悠　教授
先端科学技術研究センター
減災まちづくり分野
兼任大学院工学系研究科　都市工学専攻

1978 年東京都生まれ．慶應義塾大学理工学部卒業，同大
学院理工学研究科修士課程修了を経て，東京大学大学院
工学系研究科都市工学専攻・博士課程を 2 年次に中退し，
同・特任助教に着任．名古屋大学減災連携研究センター
准教授，東京大学大学院工学系研究科都市工学専攻准教
授を経て，2021 年 8 月から同・教授．専門は都市防災．

全体構成

1	ガイダンス	
2	共通授業	
3	駒場キャンパスの パブリックスペースの 特徴，魅力と課題を探る （中島 直人　教授）	イメージマップの作成と 場所の発見
4		駒場キャンパス内の 現地調査
5		特定の場所での パブリックライフの観察
6		場所の改善アイデア
7		グループ作業： 発表資料の作成
8		成果発表
9	駒場のまちを 考えよう （廣井 悠　教授）	まちづくりに関する レクチャー，調査準備
10		現地調査
11		グループ作業： 発表資料の作成
12		成果発表
13		予備日

「駒場キャンパスの昼休みを豊かにする」をテーマに現地調査

学生が普段学んでいる駒場キャンパスを題材に「まちづくり」を学ぶ第一歩として，ユーザーが限られる場所での課題発見からスタート．

人々のアクティビティを徹底的に観察

課題解決に選んだ場所について，時間ごとに誰がどこでどのくらいの人数でどのように過ごしているかを徹底的に観察．授業時間外にも人々のアクティビティを観察し，アイデアの根拠となる材料を収集．

1 班 7 分の発表と質疑応答

1 枚のシートに提案をまとめ発表．説得力高く，伝わりやすい提案とするために，調査結果や数値に基づき，イメージ図や絵，パース，ネーミングなどを工夫して表現．

5 テーマで駒場のまちを調査

交通・緑・景観・食・防災の 5 テーマから取り組むテーマを選択し，駒場のまちを調査．課題点の解決だけでなく，まちの良さを生かした提案も実施．

授業の特徴

フィールドワークで多様な視点を得る

都市計画においては，現場に足を運ばない限り，本質的な課題は見えず机上の空論に終わります．そのため，計画づくりにあたってフィールドワークは必須です．現場に出て，自分の足で歩きながら「どんなアクティビティが行われているのか」「何が課題か」を模索しました．教員，TA，学生と現場を歩く中でフィールドワークの視点を学んだうえで，グループごとに実践．観察や実測，資料収集によって正確かつ詳細にデータを集めました．

また，フィールドワークは繰り返し行うことで視点やアプローチ法が実感されていくものです．前半と後半とで，調査対象地や分析の観点を変えてフィールドワークを行いました．

前半後半の2回の全員でのフィールドワークの他，グループごとに随時実施した現地調査を通して，都市計画を担う者としての視点や視野を増やし，勘所を鍛えていきました．

2名の教員，TA，他チームからのフィードバック（FB）で学びを最大化

1グループ7分の発表の後は，2名の教員，TA が講評．他チームの学生からの質疑応答も実施されました．丁寧で細やかなフィードバックを実施することで，観察や課題要因の理解・分析，アイデア立案に必要な視点を補うだけでなく，他者に正しく実感を持って伝わる表現にするにはどうすべきかまでをフォローしました．

成果物【前半】

第二体育館裏スペースを心地よい空間に

駒場キャンパスの慢性的な課題であるランチを食べる場所の混雑解消と，運動後の学生が休める新たな憩いのスペースをつくることを提案．人工芝や花壇，パラソルで開放的な空間に．

フィードバック

・パラソルや日陰エリアの新設で何人の人が休めるかという試算などがあるとより良かった．

・スペースに集った人から見える体育館の下半分をガラス張りにするというアイデアが良い．体育館の中で筋トレができることの気づきを生み，活用促進となる．

・広場の図面だけでなく，周辺エリアとの位置関係がわかる図があるとよかった．キャンパス内での位置づけが伝わる．

・この空間へのネーミングがあるとなお良い．コンセプトを体現し，認知を高められる．ビーチ的なものなど考えられるのではないか．

廃れた庭を好かれる広場に

和館や図書館そばの高台にある人けのない広場を，人が集い，思い思いの時間を過ごす憩いの場に変えていくアイデア．入り口のわかりにくさや，草が生い茂った道を整備し，ベンチの設置や花を植えることを提案．

フィードバック

・他のグループがランチ場所を増やすことや休憩スペースとしての活用提案どまりが多い中，人々にどんな行動をしてほしいかのバリエーションが豊かなのが良い．

・高台にあるという地形の特徴を生かすことまで考えられると良い．条件を生かして広く知られる場所でなく，あえて知る人ぞ知る庭とするのもある．

・改善イメージを絵で描いているのが良い．絵だからこそ表現できる，そこにいる人のアクティビティもあるとなお良かった．

・東大と周辺住民の交流が生まれればという話もしていたが，ベンチがあるだけだと生まれづらい．交流促進のアイデアまで深められるとさらに良かった．

成果物【後半】

駒場商店街を楽しく！ 安全に！

駒場商店街の交通，防犯上の４つの問題について，改善案を提案．車がスピードを出しやすく危険な箇所や見通しの悪い交差点にイメージハンプを設置すること，暗く治安の悪いトンネルにイルミネーションを設置することなどを提案した．

緑と防犯

汚れやゴミ，落書きが多く治安・景観が悪い高架道路下のスペースについて，電灯と植物を設置することを提案．治安・景観だけでなく，空気の浄化効果も狙った．植物に十分な日照があるか，暗いことをあえて生かす提案もあるのではないか，人がどう過ごすかまで提案できるとなお良いといった FB があった．

駒場の坂を，もっと良い景観に

駒場の北側の坂道をより良い景観にするために，全国の景観の良い３つの坂と比較して改善提案．こだわりのあるプレゼンへの評価があった一方，坂ならではの要素（路面の模様や隣との高低差）を深掘りし考察できるとさらによくなるとの FB があった．

駒場東大前にチェーン店を！

早稲田や明大前といった他大学の学生街の調査や，東大生へのアンケートをもとに駒場商店街にチェーン店を置くことを提案．駅とキャンパスの位置関係など都市構造も絡めながら考えたり，どこに開店させると効果的かまで踏まえるなど提案の広がりがあるとさらによかったとの FB があった．

災害に強い街 "駒場"

駒場のまちを実際に歩いて，地震・火事・水害など災害リスクのある場所を評価．解決策を短期的・長期的，またハード面・ソフト面それぞれの観点で提示した．独自の災害リスク評価地図への評価が高かった一方，提案が地図から離れてしまった点や，共助の仕組みへの掘り下げがあるとよかった点が FB された．

授業を終えて

学生の感想

・私は街歩きが大好きで，街歩きの新たな視点を得られると聞いてこの初年次ゼミを選びました．実際に授業での実習やグループワークの発表を通して，今まで考えたことのなかった都市計画の側面から街を見る機会となり，街歩きが一段と興味深いものとなりました．この初ゼミに参加したことで都市工学に対して興味がわき，面白いと強く感じるようになりました．

・豊かなパブリックライフを創出するというテーマのもと，グループで様々なアイディアを出し合うというのがとても刺激になりました．また，現状の都市空間を分析する過程では物事を見る上での様々な視点を養うこともできました．

教員の感想

各グループごとの関心にしっかり基づいて場所やまちを分析し，提案をしてくれたおかげで，授業全体として多角的に都市を捉えることができました．そもそもグループ内でも様々な意見があったかと思いますが，学生たち同士，回を追うごとに活発に議論を展開するようになり，それぞれの主観を大切にしながら，皆で集めた客観的なデータに基づき，一つの提案にまとめていくプロセスを体験してくれたのではないかと思っています．今年は地図を囲んだグループディスカッションの最中に「いますぐ現地で確認しに行ってきていいですか」と教室からまちへ飛び出していった班が幾つかあったのが印象に残りました．まちという現場で考える，これが都市計画やまちづくりの最も基本的な姿勢なのです．
（中島・廣井）

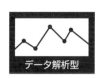

Keywords

講義と演習, 工学／実験による現象理解, 電子回路, 線形回路, 非線形回路, 線形化

データ解析型

13 電子回路で学ぶモデリング手法

本授業のテーマ

本ゼミでは, 凡そ理科を志す者にとって必須の科学的スキルとなる「未知の現象を正確に観察, 定量化し, モデルを立てて振舞いを理解する」作業を, 具体的な電子回路を例にとってわかりやすく学習し, 身につけることを目的とします.

教員の手作りの実験機材による実験の積み重ねで, 未知の現象を測定し, 数値化し, 理解するために必要な科学的スキルを習得していきましょう.

学習する回路の例:
(0) 実験設備製作体験
(1) 線形な回路, 非線形な回路 (スケールの議論)
(2) 振動する現象 I (定常状態)
(3) 振動する現象 II (過渡的応答)
(4) 能動素子の考え方
(5) 増幅回路
(6) 発振回路
(7) 変調復調回路 (AM 送受信機)
(8) その他の素子 (MEMS 等)

身につけられるスキルの例:
(あ) 現象を数式で表現して理解する手法
(い) スケール (ログ, リニア) を変えた特性の評価
(う) 周波数領域での事象の理解
(え) 時間領域での事象の理解と周波数との関連性
(お) 線形化による見通しのよい特性理解
(か) 電気系で使用する様々な器具に触れる
　　　(テスタ, オシロスコープなど)

1 班 (2-3 名) ごとに貸与される (謎の) アタッシュケース (左)
中には電気電子計測に必要な定電圧源, 高級テスタ, 配線, 端子台, 簡易測定器, 工具が満載 (右)

教員の思い

学習姿勢をリセット!「解のない問題」に取り組む作法を身につけよう

◆ 入学おめでとうございます. 大学生になったということは, 点取主義と決別して興味の赴くままに学問

三田 吉郎 教授
大学院工学系研究科　電気系工学専攻　融合情報学コース

1991 年東京大学理科 I 類, 1997 年東京大学大学院工学系研究科電気工学専攻修士課程修了, 2000 年同博士課程修了, 博士 (工学取得). 2000 年東京大学助手, 2001 年同講師, 2005 年同助教授を経て 2022 年現職. この間フランス国立科学研究センター准研究員, フランス国立情報学研究所招聘教授, 宇宙航空研究開発機構客員准教授を務める. 研究テーマは, MEMS 技術を活用した高機能電子デバイス・システム. 東京大学 運動会ボディビル＆ウエイトリフティング部長, 東京大学アマチュア無線部顧問.

を楽しむことができるということです. ただし, 大学で始まる学問の本質は「解のない問題」に取り組むこと. そこには本当に正解がないかもしれないし, あったとしてもその内容をまだ誰も知らないかもしれません. そこで, 本ゼミではこのような「世界初の課題」に遭遇したときに困らないように, 私の専門分野である「電気・電子・情報系」分野を例題に, 実験と考察の作法をトレーニングしていきます.

電子回路を通じて体で学ぶ「学術の筋トレ」を

◆ 科学を志す者は, 基本所作として測定と数値化による理解が欠かせません (特に電気系分野では必須). 研究室においても「その部品の抵抗値評価しておいて」といった会話が日常茶飯事です. 測定については, 先人の 2 つの言葉も紹介しておきましょう.

ケルビン卿 (William Thomson)　グラスゴー大学
I often say that when you can measure what you are speaking about, and express it in numbers, you know something about it; but when you cannot measure it, when you cannot express it in numbers, your knowledge is of a meagre and unsatisfactory kind.
「測定できず, 数値化できないのであれば, 知識は貧弱で満足のいくものではない」

Heike Kamerlingh Onnes　ライデン大学
Door meten, tot weten. (*through measurement to know*)
「測ることを通じて知る」

私はこれらの先人の言葉を "本歌取り" して次の点を付け加えます.
三田 吉郎　東京大学
When you can compare those which have difference in design and extract the difference in measurement you know something about it.
「比較し, デザインの違いに応じて測定値の違いを抽出できれば何かがわかる」

測定・数値化のテクニックは, 知識として頭で理解するだけでは不十分. 考えなくても無意識に体が動くほど身体化させることが必要です.「知る」は知覚神経. すぐに衰え, いつか忘れます. しかし, 体の動き, (特に 25 歳頃までに) 体得した動作は忘れません. そのため, 本講義では頭だけでなくとにかく手を動かしてもらいます. 電子回路を通じて体で学ぶ「学術の筋トレ」に励んでいきましょう.

結果への先回りから決別し, ゆっくり学ぼう

◆ 本ゼミは「ゆっくりやる」を基本方針とします. これまでの学習では競争に勝つため, 先回りして知識をつけ, 最短距離で正解にたどり着くことを重視していたかもしれません. しかしそのままではこれから取り組む「正解のない問題」に太刀打ちできません. これまでの学習姿勢と決別し, 課題に対峙する際の体質を変えていきましょう.

全体構成／授業の特徴

◆ 未知の現象を測定・数値化し，理解する科学的スキルを体で覚えるために，7つのデバイス による実験を繰り返す「学問の筋トレ」を実施．「知識として知っている」にとどめず「自ら導きできる」状態を目指す．「体が勝手に動く」が理想．

◆ 簡単に結論づけさせない問いかけ，問題提起を繰り返すこと，また正解をすぐ教えるのでなく，今後の学びの道筋を予告することで，未知の課題に向き合う姿勢をじっくり醸成していく．

◆ 学生の測定を丁寧にフィードバックしていくことで，自然は必ずしも自分の思った通りでなく自分が行った通りに反応することを体感させる．

授業内容	特徴
CHAPTER 1：抵抗器 カーボン抵抗「茶黒赤金」の外からの働きかけ（電圧V）に対する電流（I）を測定して理解する 測定結果を解析する手法 1. グラフにする 2. モデルを考える 3. パラメータを抽出する 厳密性を求める方法として「最小二乗法」を導入．	最も理想的（簡単なはず！）な電子部品を用いて，測定点の取り方を決めることから，難しいことへの気づきを生む．大づかみに入力を振り，傾向をみて適切に決めるセンスを涵養する． 簡単に結論づけるのでなく「本当だろうか？」「どのようにして検証すればよいだろうか？」「それで良かったのか？」と問う姿勢を促す．
CHAPTER 2：シリコン整流ダイオード 「この整流ダイオード，測っといて」に備えたトレーニング 整流ダイオードを測定し，指数関数的に特性が変化するデバイスの特性を学ぶ gnuplot（2次元もしくは3次元のグラフを作成する描画ツール）で表示	問いかけのシャワー ・ダイオード特性が指数関数的であることを一目で証明するにはどうすれば良いか？ ・指数関数は値をそのまま使うと残差最小といっても最も大きな値だけ効いてしまう．問題では？ 考察を常に頭に置きながら解析を行う必要性を指摘．当然備えるべき所作となることを強調．
CHAPTER 3：発光ダイオード（各色） 赤緑青などさまざまな色の発光ダイオードを測定 他の班（自分たちとは別の色を測定）と比較．グラフを重ねて表示してみる 	測定の体へのなじみを確認「もう，体が勝手に動きますね？」 考察のための問いかけ ・ダイオード特性のようだと言えるのはなぜ？ ・前回の整流ダイオードと違うところは？ ・赤：1.5 V，緑：2.1 Vとなるのはなぜ？ヒントは光量子仮説
CHAPTER 4：作ろう光通信機 部品5点をはんだ付けして強度変調式光通信機を作り，楽しんだ後でモデリング 1. 抵抗（62Ω）を直列に接続したLEDのI-V特性を評価 2. 光通信機の伝達特性を測定，理解 3. 送受信機の周波数特性	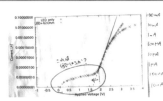 縦軸だけ対数目盛りにすると$0 < V < 2$ Vの間の特性がexponentialから外れてしまった．この理由を考察．補正をかけるテクニックを学ぶ． 実験中にみられる不都合な真実とその対策についても考察． 不都合な真実 ・LEDの光を出していないのにトランジスタに電流が流れる ・I_{tr}が0.3 mAに近づくと反応しなくなる（飽和） ・考えられる条件は全て調べておくことをアドバイス ・周波数によって最も有効に回路を支配する成分は入れかわり移り変わることを体感 ・次回に続く問いかけ：fを大きくしていくと新たな挙動が見えるのはなぜか

CHAPTER 5：共振回路をモデリング 交流信号に対する応答を理解するためのツールに慣れ，指数関数の概念を拡張．方程式に t(時間の変数)を含む関数を扱う	様々な種類のアナログ/デジタル信号混在回路の測定とデータの可視化，波形生成，記録，制御ができる多機能測定器Analog Discovery2を使い効率的に計測．空いた時間を考察に使う． 3年生以降の学びへの予告 実測で出た課題の理由を問い，電気系3年生の学生実験で学ぶことを予告．あえてすぐに答えを出さない，教えないことを実践．
CHAPTER 6：未知のデバイスを学ぶ 1. 未知の物質の抵抗を観測  手順はこれまでと一緒（！） 2. 電子によらずとも電流が運ばれることを確かめる 未知の物質も評価(モデリング)できることを体験．単なる抵抗体のモデル($V = RI$)だけでは説明できない物理(・化学)効果を観測	これまでの知識で理解できない測定結果(＝事実)への向き合い方をアドバイス． ・真実の前に頭を垂れよ ・測定が意図通りである限り，測定結果は事実 　事実には自信を持とう ・事実は曲げてはならない 　▼ ・事実を統一的に(systematic)に説明できる理論を提案できるかどうかは知恵にかかっている 得られた事実を理解するヒントを得られるのはいつかを予告し，学びのマイルストーンを示す．
CHAPTER 7：電波で通信を行う回路 1. AM(Amplitude Modulation)送信機の信号を観測，波形を出す 2. AMラジオを作り，送受信 3. 人間が送信アンテナになり，手を繋いで遠くまで信号を伝達  2023 年の記録は 7 人直列	教員・TAが2人1組の全グループを机間巡回．波形がうまく出ない原因をつぶしていくフォロー．迅速な状況判断で「体で覚える」とはどういうことかを実感させる声かけが繰り広げられる． 声かけ例) ・これは何ヘルツ？周期いくつ？1.5だと暗算できないから1にしてみて考えよう ・じゃあ，スケールがメガヘルツじゃ見えないよね．キロヘルツにしたらどうかな ・見えるようになるにも大変でしょ．でも一度見えるようになると，これからも見えるよ．自転車と同じで最初が難しいね

※各CHAPTER で学習した回路図と写真は，次のQR コードから確認できます．

授業を終えて

学生の感想

大学入試までの勉強と異なり，とにかく手を動かして実験・測定・数値化を行う授業に，最初こそ「物理は長く触れていなかったので，授業について行けるか不安だった」との声も見られたが「勉強としてしか接してこなかった電気回路を実際に回路を組んで計測する経験は初めてで楽しかった」との声が多くの学生から寄せられた．また「データ収集や解析など，すべての科学分野で使うであろう基礎的な科学的スキルを実践できたのがよかった」と大学での学びの基礎体力を鍛えられたことを実感する声も多かった．
教員やTA を含めた電気電子チーム総出のサポートに対しては「困ったときに親身に対応してくださった」「教授含めて全体の雰囲気がよかった」「熱意を感じた」との高い評価で「電気系の分野に興味がわいた」と今後の学びへの意欲が喚起されたことが感じられる感想も寄せられた．
(2022 年度授業評価アンケートよりコメントを抜粋)

教員の感想

「人生最大」の苦行「入学試験」を乗り越えた直後の学生諸君．新生活に目を輝かせ，生き生きしている．教官として東大に奉職して以来，20 年変わらない光景が今年もやってきた．しかしながら，世間の風は時に冷たい．「大学も出たのに，○○も出来んのか！」そう．誰に教えられたわけでもないのに，大学を出た瞬間には「当たり前」のように出来るようになっておかなければならないことは，確かに存在する．特に，未知の現象に挑み，測り，予測する「Door meten tot weten」という「科学的手法」は，模範解答という正解にいち早くたどり着くことで勝ってきた学生諸君にとっては，未知の世界だろう．「鉄は熱いうちに」入学したての楽しい時期に，ゆっくり，じっくり，自分の力で道を切り開く力を身につけてもらいたい．そう願って，測定器具を満載し，今日も本郷から駒場にゆく．

14

 ×

問題発見・解決型　フィールドワーク型

Keywords

機械工学／設計, デザイン,
力学, 理論 ＋ 実践, 発想・創造

工学×デザイン
—— ワークショップで学ぶ理系のためのデザイン

本授業のテーマ

優れたモノ, コトをデザインし社会に貢献することは, 工学の目的の一つです. デザインというと, 美術系の仕事のイメージがあるかもしれませんが, 生活や社会のいろいろなものに「理系のデザイン」が生かされています. 広義の意味でのデザインは, 美的要素も含む総合的な観点からモノ, コトの計画, 設計をすることと言えるでしょう.

では, 良いデザイン (設計) とは何でしょうか. それは, 単に見た目が美しいだけでなく, 安全で, 使いやすく, 使うと嬉しくなるような人にとって思いやりのある設計を指すかもしれません. あるいは, シンプルな構造で優れた性能を発揮する巧妙な設計を意味することもあるかもしれません. このように, ものづくりにおける「デザイン」の意味は多様です. デザイン「学」という学問があるとすれば, それは一つの理論体系の「木」ではなく, さまざまな理論体系が関わり合う「森」のようなイメージです.

本ゼミでは, グループワークによるワークショップを通して, ものづくりにおける多様なデザインの観点と, デザインに必要な基礎的な工学的知識を養成します.

前半では, 日常から, モノやコトのデザイン的欠陥 (非効率, 分かりにくい, 使いにくいなど) を調査・発掘し, 問題の本質を議論します. そして, それらを「よい」デザインに変えるアイデアを提案, プレゼンテーションします.

後半では, 機械工学科の「材料力学」の概念を学び, その応用として, 軽くて丈夫な構造物をデザインする「パスタブリッジコンテスト」をグループワークで行います. 実際に, パスタで橋を作って壊すことにより, 機能を達成するための工学デザインを体験します.

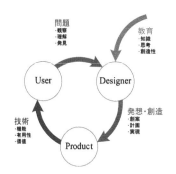

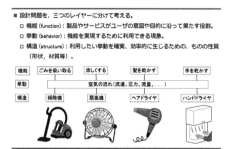

前半の講義では, 優れたデザインの要因について, さまざまな実例をもとに学習

教員の思い

【前半】前半では, 高校までの学びから大学での学びへの移行のために3つの体験をしてほしいと思います. 1つ目は, 大学に入るまでに解くことを求められた問題と大学を出た後に求められる問題の違いを知ること. 2つ目は, デザインという創造プロセスの性質を体験, 理解すること. そして3つ目は, グループワークの意義を体験, 理解することです.

【後半】機械工学は "ものづくり" の実学です. 理論だけではなく, 実際に自分たちの手を動かして設計, 製作し, 壊れるまでを体験して評価することで, 実践的な強度設計をグループワークを通じて学んでほしいと思います.

村上 存　教授
大学院工学系研究科
機械工学専攻　設計工学研究室

設計者, デザイナーが知識や独創性を発揮して優れた設計を行ない (design by human), 人々の生活や社会のニーズに対応した新たな価値を提供する製品やサービスを創造する (design for human) ための, 理論, 方法, 情報技術などの研究, 教育に従事.

泉 聡志　教授
大学院工学系研究科
機械工学専攻

半導体, 鉄道, 電機, 宇宙, 医療等の幅広い分野の材料力学, 強度・信頼性問題に対して, 原子から大型構造物までのマルチスケール・マルチフィジックスシミュレーションによる研究に従事.

全体構成

1	ガイダンス	
2	共通授業	
3	【前半】 日常からの デザイン課題の発見・解決 (村上 存教授)	講義：What is "Design"? Let's "Design"
4		講義：How to "Design"?
5		グループワーク 　チーム課題決定 　解決アイデア検討 　(発散思考)
6		解決アイデア検討 　(収束思考)
7		発表資料作成
8		プレゼンテーション
9	【後半】 パスタブリッジコンテスト (泉 聡志教授)	講義：材料力学の基礎
10		グループワーク パスタブリッジ試作
11		
12		
13		パスタブリッジコンテスト

豊富な実例で「デザインの観点」を体感

口紅ケース, 蒸気機関車, マークやロゴなどのデザインの歴史, 携帯音楽プレーヤーやコンパクトデジタルカメラなど日本発の革新的デザインの事例から, 優れたデザインの要件を学ぶ.

発散的思考と収束的思考で解決アイデアを検討

標準的なアイデアでなく, 大胆で革新的な発想が生まれるよう, 非現実的, ばかげているといった自己フィルターをかけない発散的思考を経て, 収束的思考で整理.

プレゼン項目

1. 問題提起
2. 解決案の紹介
3. 案に至るまでの発想
4. 案の具体的な説明
5. 予想される問題点

テーマ例

・感染対策アクリル板
・バリアフリートイレ
・井の頭線渋谷駅混雑
・最強の点字ブロック

構造物の強さとは何かを学ぶ.
細いパスタは引張には強いが, 曲げや圧縮 (座屈) には弱いことを学ぶ.

パスタブリッジコンテストルール

・使用できるパスタは30本
・重さは40gまで
・1つに束ねるパスタは3本まで
・パスタブリッジの中央におもりを下げ, おもりが落ちたとき重さを競う

授業の特徴【前半】

問題の解決だけでなく，問題を発見し定式化するプロセスを体験，理解する

皆さんが大学に入るまでに解くことを求められた問題と，大学を出た後に解くことを求められる問題は，性質が表のように異なります．

問題aだけでなく，問題b, cにも取り組める能力を身につけることが，大学教育の役割です．問題bに対しては，講義や実験により専門性を高めることが有効ですが，それだけでは必ずしも問題cに対して有効とは限りません．問題cには，専門性の高さというよりも，さまざまなことに興味や好奇心をもつこと，日常の体験におけるちょっとした違和感に気づくことができる，感度の高さなどが必要です．問題cについては，大学に入学したばかりの皆さんでも，現在の発想や知識で，独創的で面白い解き方や答を見つけられる可能性は十分にあります．それを体験できるグループワークのテーマを設定しました．

大学に入るまでに解く問題（例：入学試験）	
a	問題として明示的に提供される．解法，正解の存在は既知である．
大学を出た後に解く問題（例：技術課題，社会課題）	
b	問題は明示化されているが，解法，正解が得られていない．
c	問題が潜在的で気づかれていない．問題に気づけば，解法，正解は難しくないかもしれない．

デザインという創造プロセスの性質を体験，理解する

大学においてはさまざまな論理的思考を学びますが，「直感を排除した論理のみのデザインは，ありきたりな後続製品と模造品を生み出す．直感的だが論理的でないデザインは，欠点だらけの空想を生み出す」（※1）という言葉が象徴するように，デザインのような創造的活動には論理と直感の組合せが有効です．また，「デザインのプロセスは，問題の記述から効率第一で無駄なく一直線に解に向かうのではなく，発想の幅を広げる発散的思考と，それを意味のあるものにまとめる収束的思考を繰り返しながら，徐々に解に向かっていく」（※2），と考えられています．グループワークにおいても，発散的思考と収束的思考による解決を体験できる設計となっています．

グループワークの二つの意義を体験，理解する

グループワークの意義の一つは負荷分散（量的割り算）です．このゼミナールでも発表資料の作成などはそれにあたります．しかしこのゼミナールでより重要なのは，もう一つの意義である相乗効果（量的，質的掛け算）です．例えばブレインストーミングで，他者の意見を肯定的に捉え，自分の意見を重ねていくことで，個々人では得られなかった発想に到達することができることを体験できるでしょう．

※1 Brooks, F. P. Jr. 著，松田晃一，小沼千絵訳，『デザインのためのデザイン』ピアソン桐原，2010.
※2 Cross, N. 著，荒木光彦監訳，『エンジニアリングデザイン』培風館，2008.

成果物【前半】

新 with コロナ〜学食アクリル板の改善〜

   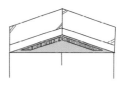

最終的なアイデア

現状の問題点 感染対策しながら会話できるようにするアクリル板だが，相手の声が届きづらく，会話しにくい．

検討された解決アイデアとボツ理由	最終アイデア
・鏡の反射を使って顔を合わせている風にする（3人以上では実現できない） ・アクリル板を一部ウイルス飛沫より目の細かな透明フィルターにする（マスクのように声がこもる） ・飛沫を風で飛ばす（風で声が聞き取りづらい，4人用の机に対応できない，周りにウイルスを飛散させてしまう）	・凹凸のついた直角二等辺三角形の机を人数に合わせて組み合わせる ・等辺の上部にアクリル板，下部に風で飛沫を吸収する機能をつける

並びづらいトイレ

"並んでいる人"からは中が見えて，
"廊下を通る人"からは見えない工夫

◯ の位置からは見える

◯ の位置からは見えない

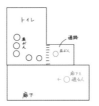

ブラインド×のれん型

現状の問題点 駒場1号館のトイレは，ドアの外に並ぶことが求められているが，トイレ内の人の有無がわかりづらい．また，トイレ内が狭いため，ドアを開けて確認すると衝突の危険性がある．

検討された解決アイデアとボツ理由	最終アイデア
・通路を延長し，トイレ入り口ドアをなくす（工事が難しい） ・小便器にある明暗センサーを活用して，人の利用を検知して表示（センサーの示す内容が伝わりづらい，工事が大がかり）	・のれん型のブラインドを入り口に設置．トイレを利用したい人からは中が見えて，廊下を通る人からは中が見えない角度に調整する

授業を終えて

学生の感想

・デザインは物それ自体だけではなく，物と人との関係性に注目する必要があるということが一番学ぶことの多いことだった．
・一番参考になったと思っているものは，第2回の講義の内容の，今では常識的なアイデアとなっているものが，そのアイデアが生まれた当初は非常識なものだったということだ．

教員の感想

「発散思考と収束思考」，「アフォーダンス」，「Usability」など，初めて学んだという感想も多く，デザインを題材としつつ，理系的な創造的思考や問題解決の方法を身につけられる内容とすることを心がけている．

授業の特徴【後半】

材料力学のインプットは 1 回のみ．実際のものづくりを通して工学デザインを体感

材料力学の講義を通じて，材料には応力が生じて，応力が高いと材料は壊れること，材料の構造により強さが変わることを学びました．必要最低限の理論を学んだ後は，グループワークを通じて，実際に設計，製作，評価を繰り返すことで，学んだ理論をものづくりに実践していきます．最初から100%を目指して慎重に進めるのでは時間だけが無闇にすぎるもの．ミスや失敗があることを前提に作っては改善することの繰り返しで，精度と効率の両立を目指しました．

他チームだけでなく歴代のチームからの学びと競争も

パスタブリッジコンテストは，2000年頃から全国で盛んに行われるようになり，「タモリ倶楽部」などのテレビ番組でもたびたび取り上げられています．初年次ゼミでも，2016年から毎年実施．これまでにも多く開催されているということは，それだけ知見や参考になる情報も蓄積されているということ．これらを活用して，ライバルチームとの競争だけでなく，過去のパスタブリッジコンテストの好成績チームも超えようと学生たちは試行錯誤を繰り返しました．「巨人の肩の上に立つ」ことで進歩していく研究の世界を体感することにも繋がったかもしれません．

 過去に開催した「パスタブリッジコンテスト」の記録は，
左のQRコードからご確認ください．
第1回〜21回，初年次ゼミ1回〜8回のブリッジや結果，記録をご覧いただけます．

成果物【後半】

全6チーム10種類のパスタブリッジ

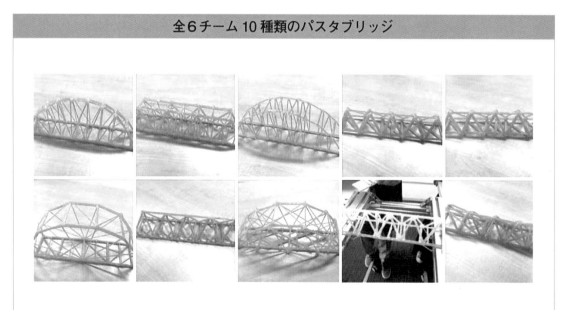

優勝チーム：無限の可能性　　　　　　記録：6.32 kg

・3本1束のトラス橋

工夫した点

・橋の下部を3本縦積み.
・橋の側面に力を逃すため, 下部の両脇に三角形を作成.
・試作の際に壊れた中央上部の支えを増やし補強, 作成.

・パスタブリッジより先におもりを吊るす割り箸が折れる結果に. 割り箸以上の強度のパスタブリッジとなっていたことが判明.

2位：ワイワイズ　　記録：5.61 kg

・2種類のアーチ橋, 1種類のトラス橋と3つのパスタブリッジを作成. トラス橋が2位につけた.

工夫した点

・正三角形のトラス構造となるようにした.
・余ったパスタを上部と下部の補強に使った.

3位：杉山五樹　　記録：5.53 kg

・アーチ橋

工夫した点

・試作品での失敗を生かした弱点補強型ブリッジ.
・試作品では端と真ん中の両方から崩れたため, それぞれ強度を高める工夫を行った. 端については, 端にかかる力をアーチを受けられるように設計. 真ん中はパスタをクロスで補強.

授業を終えて

学生の感想

私たちの班は最終授業（コンテストの回）の一つ前の授業で, それぞれが一番強いと思う構造を作って, 壊れやすいところをあぶりだし, それぞれの強みを寄せ集めたものを作りました. 他の班に比べて, 構造を決める段階で難しそうな構造を選ぶことなく, シンプルな1作品だけで手間もそれほどかけておらず, 作品も決してきれいなものではなかったので良い結果が出たことにすごく驚きました. 構造の強さの理論というものが正しいのだと実感しました.

TA の感想

パスタブリッジを壊して, 壊れやすい箇所を観察しながら補強する班や, 力の伝達を脳内で考えて弱い箇所を予測し補強する班など, 班ごとに手法は異なったものの, 班員同士よくコミュニケーションを取りながらコンテストに取り組んでいたのではないかと思います.

教員の感想

今年は, 荷重を加えるための割りばしが先に折れるという想定外の強さのブリッジを作ってくれました. 製作過程を見ていましたが, メンバーで協力し合い, チームワークの勝利だったと思います.

問題発見・解決型　論文読解・演習型　データ解析型　ものづくり型　フィールドワーク型　現象シミュレーション型　原理解明・伝達型

問	論	デ	も	フ	現	原	講義題目	担当教員
●					●		自然災害の予測：台風・高潮について考える	下園 武範・南出 将志
●			●				社会のためのロボティクス	山下 淳
●	●						原子力エネルギーと社会	斉藤 拓巳・小宮山 涼一
●							未来のエネルギーを考える	大宮司 啓文・鈴木 雄二・山崎 由大・徐 偉倫・李 敏赫
						●	量子計算入門ゼミ	加藤 康之
		●			●		数値計算法とその数理	田中 健一郎
					●		化学のブレークスルーに学ぶ (2)	上野 博史
						●	エネルギーと環境：持続可能性のための工学	小林 肇
		●			●		体験で学ぶ電磁気学	関野 正樹・大崎 博之
●			●				ナノバイオディープテック	坂田 利弥・伊藤 剛仁・江島 広貴
			●		●		ゲルと生命：医療×物理×化学	酒井 崇匡
●		●					システムダイナミクス入門	古田 一雄
●			●				建築の民主化	小渕 祐介
●			●				ペットボトルと紙ではじめるエアロスペースエンジニアリング入門	中谷 辰爾・津江 光洋・木口 周
●	●						やってみよう！化学システム工学で挑む、先端医療	太田 誠一
●			●				知能ロボット入門	中嶋 浩平・鳴海 拓志

講座名	担当者
「でたらめ」の科学	合田 隆
核分裂を使って新たな価値を創れるか？	村上 健太
知能ロボット入門	鳴海 拓志・中嶋 浩平
リハビリテーションを考える	四津 有人
公共交通と自然災害〜鉄道ネットワークを例に〜	渡邉 健治・小林 里菜・森本 時生
建築デザインの見方	安原 幹
駒場キャンパス＋周辺のまちを歩き，提案する	中島 直人・廣井 悠
物理のための数学ゼミ	遠藤 護
環境に優しい化学のものづくりを考えよう	秋月 信
化学で脳の謎を解く	平林 祐介・中木戸 誠・童井 将史・松長 遊
工学×デザイン 〜ワークショップで学ぶ理系のためのデザイン	村上 存・泉 聡志
ペットボトルと紙ではじめるエアロスペースエンジニアリング入門	水口 周・中谷 辰爾・津江 光洋
数学・物理をプログラミングで考える	田浦 健次朗
ロボット・宇宙機・電動モビリティで学ぶモーションコントロール	古関 隆章・大西 亘
AI支援による材料開発の最前線	南部 将一・竹原 宏明
化学のブレークスルーに学ぶ (1)	細野 暢彦
ブレイン・マシン・インターフェース	宮嵜 哲郎・川嶋 健嗣・天野 薫・山下 歩・曽我部 舞奈
都市の持続可能な未来を考える	橋本 崇史・小熊 久美子
機械を作るデジタル・マニュファクチャリング	杉田 直彦・柳本 潤・木崎 通・伊藤 佑介・佐藤 悠治
電子回路で学ぶモデリング手法	三田 吉郎
マテリアルズ・インフォマティクスによる2050年の鉄鋼材料開発	白岩 隆行・醍醐 市朗

問	論	デ	も	プ	現	原	講義題目	担当教員
●						●	数学・物理をプログラミングで考える	山﨑 俊彦
●	●		●				農業・水産業へのエネルギー ―投入の実態を知る	吉田 修一郎・児玉 武稔
●		●	●	●			植物研究入門―生態系からゲノム編集まで	大黒 俊哉・津釜 大侑
			●		●		生体系シミュレーション	寺田 透・海津 裕
●		●					農業と非農業部門との関連を探る ―産業連関分析入門―	齋藤 勝宏・安田 仁奈
●		●					森林が吸収した CO₂ を温室効果ガスクレジットとして活用することを考える	廣嶋 卓也・秋山 拓也
●		●					山村の振興や森林資源管理を考える	柴崎 茂光・龍原 哲
●							生物の生き様を支える多様な生体分子	奥田 傑・岡田 憲典
●	●						[食の問題]を科学者目線で考えよう	藤井 壮太・三坂 巧
●							感染症と病原体から考える きれい？汚い？安全？危険？	三浦 こずえ・小嶋 大造
●							農水産資源の持続的利用を考える	高須賀 明典・霜田 政美
●							木材利用の新しい可能性 ―セルロースから木造建築まで―	稲山 正弘・齋藤 継之
●			●				私たちの身近にあるタンパク質を科学する	片岡 直行・村田 幸久
●							原子や分子の間に働くさまざまな相互作用	佃 達哉
●	●			●			恐竜学	平沢 達矢
●	●				●		生物現象について数理モデルをつくる	種子田 春彦・米倉 崇晃
	●					●	ヒッグス粒子の探し方	奥村 恭幸
	●					●	解析学の基礎	阿部 紀行
			●				知能ソフトウェア工学への導入 (Introduction to Basics of Intelligent Software Engineering)	馬 雷
●			●				宇宙の未解決問題を考える	柏川 伸成
●	●						分子を創り出す化学	大栗 博毅・谷藤 涼
●						●	解析学の基礎	下村 明洋

担当者	テーマ
諸田 智克・河合 研志	宇宙を固体惑星の表層地形と振動から理解する
酒井 広文	物理学の独創的な研究とは（ノーベル物理学賞の受賞業績を例に考える）
飯野 雄一・濡木 理・塩見 美喜子・上村 想太郎・眞田 佳門・國友 博文・山中 総一郎・竹内 春樹・角田 達彦・岩崎 渉・浅井 潔・木立 尚孝	生命を分子・情報から読み解く
樋口 秀男・岡田 康志	生物の動きを科学する
渡邊 洋一	熱帯感染症を考える
西 大輔・宮本 有紀・北村 言・佐々木 那津・木田 亮平・磯部 環・澤田 宇多子	生きることを支える健康総合科学研究入門
浅沼 大祐・並木 繁行・坂本 寛和	先端的な蛍光イメージング技術を用いた生命科学研究
藤代 準・吉田 真理子・高澤 慎也	小児外科学入門
牛久 綾・牛久 哲男・田中 麻理子	病理学入門―病気を目で見てみよう―
田中 將太・國井 尚人・宮脇 哲	脳外科医とみる脳の神秘
川島 茂裕・牛丸 理一郎・萩原 浩一・鳥海 尚之	薬学を支える有機化学の貢献と役割
中嶋 悠一朗・平山 尚志郎・中嶋 藍・中島 啓	薬学を支える生物学の役割と貢献
大戸 梅治・幸福 裕・水野 忠快・辰巳 志覚	薬学を支える基盤技術の役割と貢献
小沢 学・小林 俊寛・新井田 厚司・谷水 直樹・西村 栄美	疾患克服を目指した医科学研究の実際―疾患の分子病態から予防，診断，治療を考える―
西田 究・加瀬 靖之・馬場 聖至	地球の声を聴いてみよう
山川 雄司・平野 正浩	画像処理システムを考える
合田 和生	ビッグデータを扱うソフトウェア技術［データベース］を実践する
古川 亮	鳥や魚はどうして群れるのか？
本間 裕大	滞りなく流れる社会システムをデザインする
杉原 加織	バイオミメティックエンジニアリング

問	論	デ	も	ア	現	原	講義題目	担当教員
●							先端科学技術の現場を「体験」する	近藤 武夫・綾屋 紗月・熊谷 晋一郎・五月女 真人
●	●						レーザーと光科学への導入	松永 隆佑
●		●			●		海を知ろう	塩崎 拓平・宮川 知己
●		●			●	●	地球史から気候変動を考えよう	黒田 潤一郎・阿部 彩子
●			●		●		サイエンス and アート	池上 高志
●	●						相対論について考える	酒井 邦嘉
		●				●	数値計算とモデリング	石原 秀至
●			●				脳の暗号解読方法	大泉 匡史
●	●						「研究者」と「化学・生命科学の境界領域研究」	吉本 敬太郎
●						●	化学触媒の分子デザイン	岩井 智弘
●		●					計算機の中での分子設計	横川 大輔
●		●					非凡なタンパク質を探索しよう！	若杉 桂輔
				●			アリの巣で体験する自己組織化現象	土畑 重人
●				●			ヒトの行動をホルモンから考える	坪井 貴司
●				●			駒場キャンパスの植物が示す免疫応答と植物と共生する微生物を知る	董間 敬
●	●						ストレッチングの科学	久保 啓太郎
●	●						身体づくりの科学	佐々木 一茂
●	●						地球史と岩石	小宮 剛
●			●				科学技術と社会について考える	福本 江利子
●						●	分子の形を知り, 物質をデザインする	宮島 謙
●			●				身近な物理学でサイエンス	松本 悠

研究における
セレンディピティ的発見の紹介

若杉 桂輔　Keisuke Wakasugi

1 この章のポイント

　私の研究室では，天然のタンパク質の新たな未知機能を探索したり，タンパク質を人工的に改変したり，創製したりすることを目指しています．特に，従来から報告されていた機能とは異なる機能を持つタンパク質を発見し，生物進化とともにどのようにタンパク質の機能が進化してきたのかを解明することを目指しています．

　本章では，タンパク質の合成に不可欠ですべての生物に存在するアミノアシル tRNA 合成酵素を取り上げ，これまで私たちが明らかにしてきた新たな生理機能及び生物進化に伴う機能進化について概説し，研究の醍醐味を紹介します．

2 アミノアシル tRNA 合成酵素の新奇機能の発見

2.1. アミノアシル tRNA 合成酵素とは？

　タンパク質は全部で 20 種類のアミノ酸がペプチド結合で連なったもので，遺伝情報に基づいて合成されます．遺伝情報は DNA に蓄積されており，DNA から mRNA に転写され，mRNA の情報に基づき，タンパク質に翻訳されます．DNA や mRNA の情報とタンパク質のアミノ酸との対応付けを成立させている酵素がアミノアシル tRNA 合成酵素であり，特定のアミノ酸を対応する tRNA に結合させる反応（アミノアシル化反応）を触媒します．タンパク質合成に使われる 20 種類のアミノ酸それぞれに対して特有なアミノアシル tRNA 合成酵素が存在します．

　アミノ酸はアミノ基とカルボキシル基を持ちます．アミノ酸のカルボキシル基と別のアミノ酸のアミノ基とがペプチド結合を形成して連結し，一本の紐となったものがタンパク質です．タンパク質の紐の両端の内，アミノ基がある端を N 末端，カルボキシル基がある端を C 末端と呼び，例えば図 1 内の四角い棒は N 末端を左に C 末端を右にして一本の紐のタンパク質を模式的に示しています．

2.2. 付加ドメインを有するヒトのアミノアシル tRNA 合成酵素

　チロシル tRNA 合成酵素（TyrRS）はアミノ酸の一つであるチロシン（Tyr）を tRNA へ結合させる酵素です．図 1 のようにヒトの TyrRS ではアミノアシル化活性を持つ触媒活性ドメイン（mini TyrRS）の C 末端側に酵母菌などの下等な真核生物の TyrRS では見られない付加ドメインを融合していること，そしてこの付加ドメインがアミノアシル化活性には影響を与えないことが明らかになっていました．そこで，付加ドメインの意義を探るために，アミノ酸配列の類似性に着目した検索をしたところ，この C 末端付加ドメインの配列が EMAP II と呼ばれる細胞間情報伝達物質（サイトカイン）と類似していることが判明したのです．

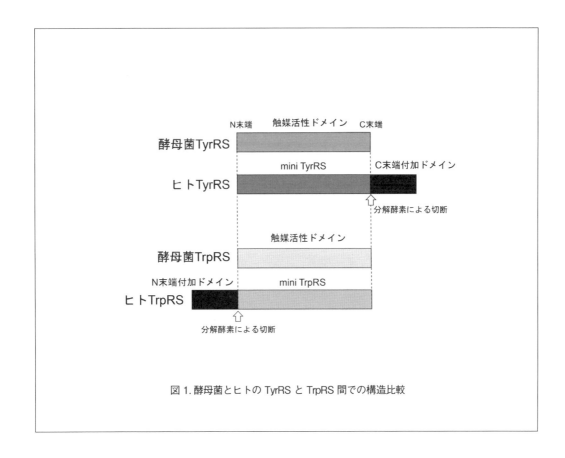

図 1. 酵母菌とヒトの TyrRS と TrpRS 間での構造比較

2.3. ヒト TyrRS の触媒活性ドメインは細胞外でサイトカインとして機能する

　サイトカインとしての活性に着目して実験したところ，C 末端付加ドメインが EMAP II 同様にサイトカインとして機能することを発見しました[1]（図2）．また，驚いたことに，C 末端付加ドメインを欠く mini TyrRS もまた，サイトカイン活性を持っていました（図2）．さらに，ヒトの完全長 TyrRS が細胞外に分泌されて，分解酵素により mini TyrRS と C 末端付加ドメインとに切断されること，さらに，切断される前の TyrRS はサイトカインとしての活性はないことも明らかになりました（図2）．これらに加えて，mini TyrRS は，インターロイキン-8（IL-8）というサイトカインの細胞表面受容体に結合することが明らかになり，IL-8 の場合と同様に mini TyrRS 内の ELR という 3 つのアミノ酸配列がサイトカイン活性に重要であることが判明しました[1]．

　酵母菌 TyrRS は ELR モチーフを持たずサイトカイン活性がありませんが，ELR モチーフを導入することで酵母菌 TyrRS もサイトカイン活性を持つようになりました[2]．さらに，付加ドメインに関しても，より下等な生物の類似した配列にはサイトカインとしての活性がありませんでした[3]．以上の結果から，TyrRS が生物の進化に伴い突然変異を繰り返しサイトカイン活性を獲得してきたことが示唆されました．

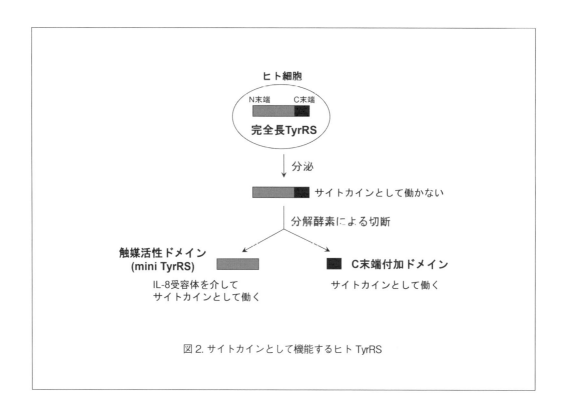

図 2. サイトカインとして機能するヒト TyrRS

2.4. 血管新生の制御因子としての機能も併せ持つアミノアシル tRNA 合成酵素の発見

　IL-8 は細胞遊走を誘導するサイトカインである α-ケモカインの一つであり，ELR モチーフを持つ α-ケモカインは血管新生を促進します．そこで，まず ELR モチーフを持つヒト mini TyrRS の血管新生の活性について解析した結果，mini TyrRS が IL-8 と同様，血管内皮細胞に作用し，血管新生促進因子として働くことを発見しました[4]（図3）．さらに，IL-8 の活性には ELR の3アミノ酸配列が重要ですが，mini TyrRS においても ELR 配列が極めて重要であることが明らかになりました[4]．

　また，α-ケモカインの中には ELR モチーフを持たないタンパク質もあり，ELR モチーフを持たない α-ケモカインは逆に血管新生を抑制する因子として機能することが報告されていました．そこで，20種類のアミノアシル tRNA 合成酵素の中で TyrRS と最も分子進化的に近縁の酵素であり立体構造も類似している一方，ELR モチーフを持たないトリプトファニル tRNA 合成酵素（TrpRS）に着目しました（図4）．

　TrpRS は，tRNA にトリプトファン（Trp）を結合させるタンパク質です．ヒト TrpRS は，下等な生物の TrpRS と比較し，N 末端側に付加ドメインを有しており，分解酵素による切断や選択的スプライシングにより付加ドメインを欠く mini TrpRS が存在することが明らかになっています（図1，図3）．ヒト TrpRS には ELR モチーフがないことと，ELR モチーフを持つ mini TyrRS が血管新生促進因子として働くことから，mini TrpRS が血管新生抑制因子

として働くという仮説をたて検証を行いました．その結果，ヒト mini TrpRS は，ヒト mini TyrRS とは逆に，血管新生抑制因子として働くことを発見しました[5]（図 3）．また，mini TrpRS は血管内皮細胞の表面に存在する VE-カドヘリンという接着分子に結合することで血管新生を抑えることが明らかにされました．ヒト mini TrpRS は，mini TyrRS による血管新生も抑制することから，TrpRS と TyrRS はファミリーを形成し，血管新生の制御をしていると考えられます（図 3）．

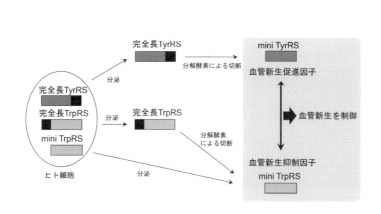

図 3. 血管新生の制御因子として働く TyrRS と TrpRS

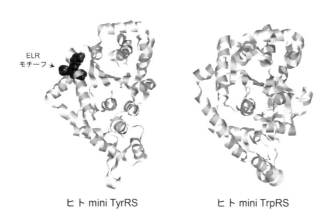

ヒト mini TyrRS　　　　ヒト mini TrpRS

図 4. ヒト mini TyrRS とヒト mini TrpRS の立体構造

脊椎動物の中でヒトから最も離れた魚類 TrpRS は血管新生抑制因子として働きませんが，一つのアミノ酸をヒト TrpRS と同じものに置換するだけで，魚類 TrpRS に血管新生抑制能を与えることができました [6]．このことから，魚類以降のヒトへの生物進化過程で TrpRS に突然変異がおこり，TrpRS が血管新生抑制能を獲得したと推察されます．

私たちはこの TyrRS と TrpRS の機能に関し国際特許を取得し，その内の 1 つは 2017 年の *Nature Biotechnology* 誌にて，2012–2016 年のバイオテクノロジー分野で被引用回数の最も多い特許の一つとして紹介されました．

2.5. セレンディピティ的発見の裏側

この研究を始める前，ヒト TrpRS が血管新生抑制因子として働くとは全く想像すらできないことでした．どのようにこのことを明らかにしたか振り返ってみたいと思います．

そもそもの始まりは，ヒトの TyrRS が下等生物の TyrRS にはない付加ドメインを C 末端に持つことが明らかになった時点まで遡ります．付加配列を除いたヒト TyrRS は，完全長のヒト TyrRS 同様に tRNA に Tyr を結合させる反応を触媒できます．ヒト TyrRS はなぜアミノアシル化反応には関係のないドメインを有しているのでしょうか．C 末端付加ドメインと類似の配列を持つタンパク質があるかどうかデータベースによる検索を行った結果，付加ドメインは EMAPII というサイトカインと類似していることが判明しました．細胞内でタンパク質合成に働くアミノアシル tRNA 合成酵素が，なぜ細胞の外で働くタンパク質と類似した配列を持っているのでしょうか．

このことを検証するために，サイトカインとしての活性を解析した結果，C 末端付加ドメインは，EMAP II 同様にサイトカインとして機能することが明らかになりました．驚くべきことに，mini TyrRS もサイトカインとして働くことも同時にわかりました．この mini TyrRS は，細胞内でのタンパク質合成に重要な触媒活性ドメインであるため，細胞外での働きがあるとは想定しておりませんでした．想定外の結果が出たときは，何らかの実験操作ミスでたまたまそのような結果になったと捨ててしまわないことが重要です．セレンディピティ的発見ができるかどうかは，待ち受けるものの心構え次第です．想定外の結果が出た時，注意深く再現性を確認するのは当然のことですが，別の角度から仮説が正しいかどうか検証する実験を複数実施し，いずれの結果からも支持されれば，確かな発見として発表できます．この場合には，細胞に対する mini TyrRS の様々なサイトカイン活性を解析するとともに，mini TyrRS が結合する細胞表面の受容体を特定し，さらに，サイトカイン活性に重要な mini TyrRS 内のアミノ酸配列モチーフも明らかにしました．

これまで論文で報告されていた過去の知見をまとめると，IL-8 など ELR モチーフを持つ α - ケモカインは血管を生やすのを促進する作用があり，ELR モチーフを持たない α - ケモカインは，逆に，血管を生やすのを抑制することが知られていました．この知見に着目し，ELR モチーフを持つ mini TyrRS は血管新生促進因子として，他方，ELR モチーフを持っていない mini

TrpRSは血管新生抑制因子として機能するのではないかと仮説を立て，検証を行うことによって，この発見に至りました．つまり，セレンディピティ的発見と過去の知見との組合せにより，血管新生抑制因子としてのTrpRSの機能を発見したのです．セレンディピティ的発見には，過去の知見だけでは到達しえない飛躍があり，このようなブレークスルーが科学研究を大きく推し進めてきたと言えます．

2.6. アミノアシルtRNA合成酵素のその後の研究進展

私たちが発見した細胞外に分泌されるTrpRSが関わる新たな機能をさらに探索したところ，細胞外TrpRSはTrpに対する特異性及び親和性が非常に高い細胞内への輸送に関わることを発見しました[7]．例えば，がん細胞は，Trpを代謝する酵素を高発現し，細胞外からの高親和性Trp輸送が起こり，がん細胞の周辺環境のTrpを枯渇させることにより，免疫を担うT細胞の働きを抑える免疫抑制を起こし免疫の攻撃から逃れています．また，同様な免疫抑制の機構により，妊娠母体の胎盤において，母体の免疫拒絶から胎児が保護されていることが知られています．私たちは，最近，TrpRSを介する高親和性Trp輸送には細胞のTrp欠乏状態が重要であることを明らかにしました[8, 9]．今後，TrpRSを介する詳細な分子機構を解明し，将来的に，がんの免疫抑制機構の解除を目指したがん治療に繋げたいと考えています．

今日までに，TyrRSとTrpRS以外に18種類あるアミノアシルtRNA合成酵素についてもtRNAに対するアミノアシル化反応以外の非凡な機能の探索が行われ，細胞の外に分泌され免疫系や神経系に作用するもの，アミノ酸濃度のセンサーとして働くもの，刺激に応じて核に移行し核で働くものなどが見つかっています[10]．アミノアシルtRNA合成酵素は，神経変性疾患や自己免疫疾患などにも関連しており，基礎研究だけでなく，病気の治療薬開発の面でもさらなる解明が待たれます．この分野はほとんど未開拓の領域であるため，今後の研究展開がとても楽しみです．

3 おわりに

今回紹介したアミノアシルtRNA合成酵素は，生物の進化に伴ってタンパク質の機能を進化させてきていることがわかりました．46億年前に地球が誕生し，約38億年前に生命が誕生して以来，単細胞生物から多細胞生物の出現，脊椎動物の出現，さらに，免疫系，脳神経系の発達など，生物は進化を続けています．原始的な単細胞生物のアミノアシルtRNA合成酵素は構造の面でも機能の面でもシンプルで，付加ドメインなどは存在せず，タンパク質の翻訳に関わる機能だけを担っています．原始的な単細胞生物から多細胞生物への生物進化に伴い，細胞間のコミュニケーションや，免疫系，神経系などの高度なネットワークの構築が必要になります．そのため，高等な生物のアミノアシルtRNA合成酵素では，突然変異の蓄積や付加ドメインの融合等の分子進化を経て，従来の機能を維持しながらも全く別の機能を併せ持つに至ったと考えられます．

文献

1) Wakasugi, K., and Schimmel, P. (1999) Two distinct cytokines released from a human aminoacyl-tRNA synthetase. *Science* **284**, 147-151.

2) Liu, J., Yang, X.-L., Ewalt, K.L., and Schimmel, P. (2002) Mutational switching of a yeast tRNA synthetase into a mammalian-like synthetase cytokine. *Biochemistry* **41**, 14232-14237.

3) Wakasugi, K., and Schimmel, P. (1999) Highly differentiated motifs responsible for two cytokine activities of a split human tRNA synthetase. *J. Biol. Chem.* **274**, 23155-23159.

4) Wakasugi, K., Slike, B. M., Hood, J., Ewalt, K. L., Cheresh, D. A., and Schimmel, P. (2002) Induction of angiogenesis by a fragment of human tyrosyl-tRNA synthetase. *J. Biol. Chem.* **277**, 20124-20126.

5) Wakasugi, K., Slike, B. M., Hood, J., Otani, A., Ewalt, K. L., Friedlander, M., Cheresh, D. A., and Schimmel, P. (2002) A human aminoacyl-tRNA synthetase as a regulator of angiogenesis. *Proc. Natl. Acad. Sci. USA* **99**, 173-177.

6) Nakamoto, T., Miyanokoshi, M., Tanaka, T., and Wakasugi, K. (2016) Identification of a residue crucial for the angiostatic activity of human mini tryptophanyl-tRNA synthetase by focusing on its molecular evolution. *Sci. Rep.* **6**, 24750.

7) Miyanokoshi, M., Yokosawa, T., and Wakasugi, K. (2018) Tryptophanyl-tRNA synthetase mediates high-affinity tryptophan uptake into human cells. *J. Biol. Chem.* **293**, 8428-8438.

8) Yokosawa, T., Sato, A., and Wakasugi, K. (2020) Tryptophan depletion modulates tryptophanyl-tRNA synthetase-mediated high-affinity tryptophan uptake into human cells. *Genes* (*Basel*) **11**, 1423.

9) Yokosawa, T., and Wakasugi, K. (2023) Tryptophan-starved human cells overexpressing tryptophanyl-tRNA synthetase enhance high-affinity tryptophan uptake via enzymatic production of tryptophanyl-AMP. *Int. J. Mol. Sci.* **24**, 15453.

10) Wakasugi, K., and Yokosawa, T. (2020) Non-canonical functions of human cytoplasmic tyrosyl-, tryptophanyl- and other aminoacyl-tRNA synthetases. *Enzymes* **48**, 207-242.

あとがき

　この改訂版の教科書『科学の技法 第2版』を読み終えて，どのような感想をお持ちになったでしょうか.

　今回の改訂では，まず，冒頭に「初年次ゼミナール理科の授業を受けるにあたって知っておいてほしいこと」と題する項を新たに設け，また，アクティブラーニング手法を取り入れたグループワークの作法・進め方，プレゼンテーションの目的や効果的な方法などに関する内容を充実させました. 初年次ゼミナール理科の運営に携わる教員として，本授業に参加される1年生が本書をよく読み，初年次ゼミナール理科の授業で実際に実践することにより，協同学習を通じてサイエンティフィック・スキルや主体性を楽しくかつ効果的に身につけてもらえたら大変うれしく思います.

　実践編では，初年次ゼミナール理科の授業の事例を具体的に取り上げ，授業のテーマ，担当教員の思い，授業全体の構成，授業の特徴，成果物，学生の感想などについて紹介しています. 紙面の都合上，14例の授業のみを紹介しましたが，初年次ゼミナール理科の講義は毎年100クラスの授業が開講されています. 実に多彩な研究分野・スタイルの授業が開講されていますので，興味がある分野を色々と探してみてください. 初年次ゼミナール理科の「授業一覧」にマーク入りで記したように，「問題発見・解決型」「論文読解・演習型」「データ解析型」「ものづくり型」「フィールドワーク型」「現象シミュレーション型」「原理解明・伝達型」など様々なアプローチ・授業形態で授業が行われています.

　編者二人が所属する教養学部教養教育高度化機構 Educational Transformation 部門（EX 部門）は，2023年4月に機構の3部門（初年次教育部門，アクティブラーニング部門，自然科学教育高度化部門）が統合された新しい部門です. 教育 DX（Digital Transformation）を活用した能動的学習（アクティブラーニング）手法の展開に取り組み，初年次教育を中心に教育 DX により教育の質的転換 (Educational Transformation) をはかることを使命としています. 不確実な未来に対応し変革を起こすために自ら課題を見つけ周囲と協調しながら広い視野から課題を解決できる人材の育成を目指しており，「初年次ゼミナール文科・理科」の企画・運営，駒場アクティブラーニングスタジオ (KALS) の運用・授業支援，アクティブラーニングの普及・促進，自然科学をはじめ様々な分野の early exposure（早期体験），先端技術の教養教育への活用などを主な業務としています.

　本書の実践編は，2022年度の末から企画を準備し始め，2023年度のSセメスターに開講された「初年次ゼミナール理科」の授業を取材・撮影し，原稿にまとめています. 授業内容の紹介をご快諾くださり，授業取材や原稿執筆・確認にご協力くださった先生方，そして取材に協力いただいた多くの履修生とTAのみなさんに心より感謝の意を表します. また，本書の基礎編のグループワーク・プレゼンテーションの章の改訂は，教養教育高度化機構 EX 部門のアクティブラーニング担当の中澤明子特任准教授，中村長史特任講師にご協力いただきました. 本書を取りまとめるにあたって，教養教育高度化機構 EX 部門の初年次ゼミナール理科を担当する松本悠特任講師，横沢匠特任助教にご尽力いただきました.

　また，東京大学出版会の丹内利香様には編集作業をお手伝いいただき，そして本書の取材，編集からデザイン等に至るまで有限会社原宿春夏の浅井春美様とスタッフの皆様にお世話になりました.
　心より深く感謝申し上げます.

2023年12月

若杉 桂輔・宮島 謙

画像提供・出典

カバー・表紙	Lemberg Vector studio / Shutterstock.com
p. 75	スライド（右下）：NASA／JPL-Caltech
p. 100	人工知能ワトソン（左）：AP／アフロ
	AlphaGO（右）：ΛFP／Google DeepMind
p. 102	4K テレビの画像処理：みずほ情報総研株式会社／Nagata, T., Maekawa, H., Suitani, M., Futada, H., Tomozawa, H., Matsuzaki, K., …Hizukuri, A. (2016). Orthogonalized coupled learning and application for face hallucination. *Paper presented at the 2016 11th France-Japan & 9th Europe-Asia Congress on Mechatronics (MECATRONICS) / 17th International Conference on Research and Education in Mechatronics (REM), IEEE* (Compiègne, France), 58–63.
p. 101–103	Azure Machine Learning：マイクロソフトの許諾を得て使用しています．
p. 120	パーキンソン病の細胞・組織：The College of Family Physicians of Canada／Frank, C., Pari, G., & Rossiter, J. P. (2006). Approach to diagnosis of Parkinson disease. *Canadian Family Physician, 52*, 862–868.
	パーキンソン病の人物：Gowers, W. R. (1886). *A manual of diseases of the nervous system*, Vol. 2, J. & A. Churchill, p. 591.
p. 128	①惑星表面探査ロボットのイメージ（池下章裕／JAXA 宇宙科学研究所ご提供）②惑星表面探査用人工衛星の軌道制御のイメージ（JAXA 宇宙科学研究所ご提供）③リニア波力発電機水槽試験（古関・大西研究室と海上技術安全研究所）④電磁吸引式磁気浮上と大推力リニア同期モータを組み合わせた高精度位置決め試験装置（古関・大西研究室）⑤電磁吸引磁気浮上式都市鉄道 リニモの車両（愛知高速交通東部丘陵線）⑥位置センサレス磁気浮上能動安定化制御試験（古関・大西研究室）

【取材・編集】有限会社 原宿春夏（浅井 春美／永冨 奈津恵／岡部 聡子）
【デザイン】湊元 英一郎

科学の技法　第2版
東京大学「初年次ゼミナール理科」テキスト

2017 年 3 月 21 日　初版第 1 刷
2024 年 3 月 11 日　第 2 版第 1 刷

［検印廃止］

編　者　東京大学教養教育高度化機構 Educational Transformation 部門・
　　　　若杉 桂輔・宮島 謙

発行所　一般財団法人　東京大学出版会

代表者　吉見俊哉

153-0041 東京都目黒区駒場 4-5-29
https://www.utp.or.jp
電話　03-6407-1069　Fax 03-6407-1991
振替　00160-6-59964

印刷所　大日本法令印刷株式会社
製本所　大日本法令印刷株式会社

東京大学教養学部 ALESS プログラム 編
Active English for Science
英語で科学する —— レポート，論文，プレゼンテーション

B5 判・272 頁・2800 円

森村久美子
使える理系英語の教科書
ライティングからプレゼン，ディスカッションまで

A5 判・194 頁・2200 円

東京大学先端科学技術研究センター・神﨑亮平 編
ブレイクスルーへの思考
東大先端研が実践する発想のマネジメント

四六判・274 頁・2200 円

江川雅子・東京大学教養学部教養教育高度化機構 編
世界で働くプロフェッショナルが語る
東大のグローバル人材講義

A5 判・242 頁・2400 円

石井洋二郎・藤垣裕子
大人になるためのリベラルアーツ
思考演習 12 題

A5 判・320 頁・2900 円

小林康夫・船曳建夫 編
知の技法
東京大学教養学部「基礎演習」テキスト

A5 判・296 頁・1500 円

永田 敬・林 一雅 編
アクティブラーニングのデザイン
東京大学の新しい教養教育

四六判・196 頁・2800 円

E.F. バークレイ・C.H. メジャー 著／
東京大学教養教育高度化機構アクティブラーニング部門・吉田 塁 監訳
学習評価ハンドブック
アクティブラーニングを促す 50 の技法

B5 判・416 頁・9800 円

ここに表示された価格は本体価格です．ご購入の
際には消費税が加算されますのでご了承ください．